国家自然科学基金项目（51874237）
国家社会科学基金项目（20XGL025）
陕煤集团红柳林矿业有限公司-西安科技大学重大横向课题（SMHLL-JS-KF-2020001）
教育部人文社会科学青年基金项目（23XJC630011）
陕西省自然科学基础研究计划项目（2024JC-YBQN-0499）
陕西省哲学社会科学研究专项青年项目（2024QN122）
陕西省教育厅科学研究计划项目（23JK0551）
榆林市科技计划项目（CXY-2022-159）
西安科技大学校哲社繁荣计划项目（2024SY07）

工业升级和产业创新前沿研究丛书

煤矿工人情景意识的 fNIRS脑功能连接特征与分类识别研究

CHARACTERIZATION AND CLASSIFICATION IDENTIFICATION
OF fNIRS BRAIN FUNCTIONAL CONNECTIVITY FOR SITUATION AWARENESS OF COAL MINERS

田方圆 / 著

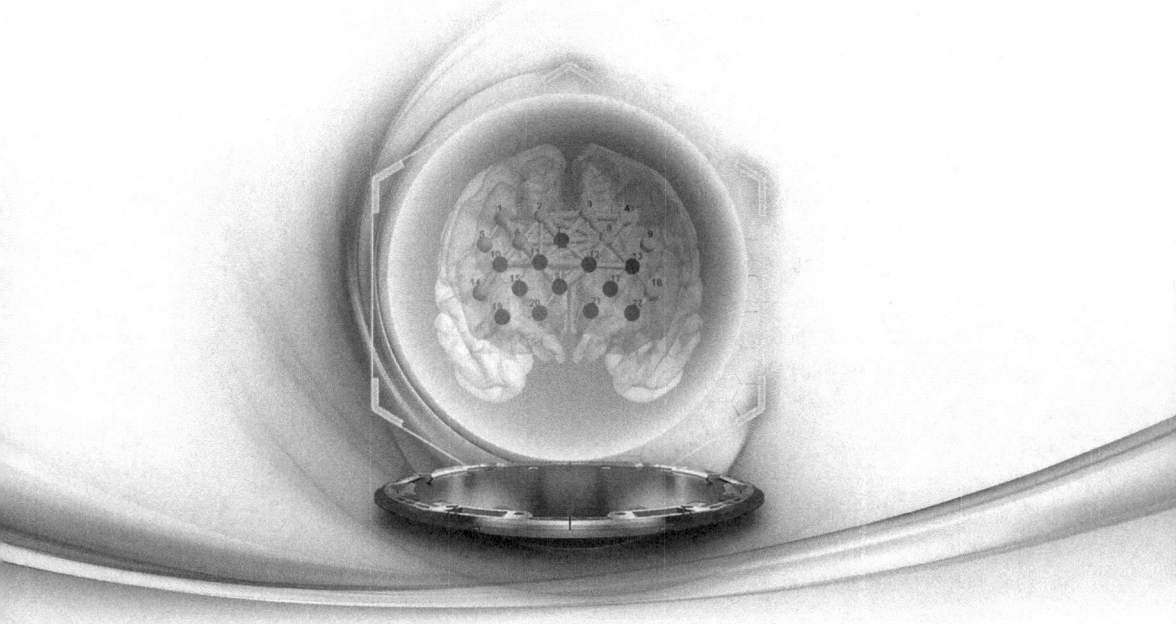

西安交通大学出版社
XI'AN JIAOTONG UNIVERSITY PRESS

图书在版编目(CIP)数据

煤矿工人情景意识的 fNIRS 脑功能连接特征与分类识别研究/田方圆著. —西安:西安交通大学出版社,2024.10
(工业升级和产业创新前沿研究丛书)
ISBN 978-7-5693-3655-9

Ⅰ.①煤… Ⅱ.①田… Ⅲ.①煤矿-矿山安全-安全管理-研究 Ⅳ.①TD7

中国国家版本馆 CIP 数据核字(2024)第 034624 号

MEIKUANG GONGREN QINGJING YISHI DE fNIRS NAOGONGNENG LIANJIE TEZHENG YU FENLEI SHIBIE YANJIU

书　　名	煤矿工人情景意识的 fNIRS 脑功能连接特征与分类识别研究
著　　者	田方圆
策划编辑	杨　璠
责任编辑	杨　璠　王玉叶
责任校对	魏　萍
出版发行	西安交通大学出版社 (西安市兴庆南路1号　邮政编码 710048)
网　　址	http://www.xjtupress.com
电　　话	(029)82668357　82667874(市场营销中心) (029)82668315(总编办)
传　　真	(029)82668280
印　　刷	西安五星印刷有限公司
开　　本	720 mm×1000 mm　1/16　印张 10.75　字数 206 千字
版次印次	2024 年 10 月第 1 版　2024 年 10 月第 1 次印刷
书　　号	ISBN 978-7-5693-3655-9
定　　价	88.00 元

发现印装质量问题,请与本社市场营销中心联系。
订购热线:(029)82665248　(029)82667874
投稿热线:(029)82668502
读者信箱:phoe@qq.com

版权所有　侵权必究

前言 PREFACE

煤炭行业长久以来一直是我国能源生产的重要支柱。近年来,伴随着煤炭行业的高速发展,我国煤矿安全生产管理取得了明显的成效,但重特大事故尚未杜绝,较大事故时有发生。调查与研究表明,人类的不安全行为和失误是事故发生的主要原因和直接原因,而情景意识(situation awareness,SA),即对特定时间空间内信息的感知、理解和预测能力,如执行功能、工作记忆、注意力和信息处理速度等是安全工作的重要保证。因此,从脑科学的角度出发,探究煤矿工人情景意识-不安全行为/人因失误的内在认知神经机制,对有效降低煤矿工人的失误率和伤害率,全面落实对"人的隐患"的精准排查,全方位做到风险预控、关口前移,切实提升煤矿安全管理水平,具有重要的理论意义与实用价值。

本书以煤矿工人脑功能连接为研究对象,采用 fNIRS(functional near-infrared spectroscopy,功能性近红外光谱技术)脑影像实验平台,融合安全科学与认知神经科学的研究方法,从安全科学和认知神经科学融合的视角,构建了煤矿工人情景意识全要素模型;对陕煤集团 H 公司的煤矿工人开展了两项实验——实验一:煤矿工人人因失误倾向者脑功能连接特征分析,实验二:轮班工作对煤矿工人脑功能连接的影响;基于实验一和实验二采集的煤矿工人脑功能连接特征数据,构建了基于机器学习的煤矿工人情景意识分类识别模型。主要研究结论如下。

(1)构建了煤矿工人情景意识全要素模型。以动态决策情景意识模型、人类行为 SOR(stimulus - organism - response,刺激-个体肌体-反应)模型和大脑信息加工理论为基础,将本模型分为刺激、肌体和反应三大模块。环境信息属于刺激模块,为信息的输入层。情景意识、认知功能和个体因素共同构成肌体模块。其中,以感知为基础的情景意识是信息感受器,认知功能为大脑信息加工器。认知功能是情景意识的神经生理表现。个体因素是情景意识和认知功能的重要影响因素。反应模块为不安全行为/人为因素输出层，是信息效应器。当环境信息与个体因素内任一子因素发生不利变化时，个体感知能力将受到影响，情景意识随之下降或者失效，从而引发个体认知功能下降，导致不安全行为/人因失误。此外，个体不安全行为/人因失误也将反馈于环境信息。

(2) 揭示了煤矿工人人因失误倾向者的大脑功能连接特征。实验一应用fNIRS脑影像实验平台，采集了106名煤矿工人的静息态数据。采用皮尔逊相关系数(correlation，COR)分析、脑网络分析和 t 检验对煤矿工人人因失误倾向者脑功能连接进行了量化。研究发现，煤矿工人人因失误倾向者的额叶区、眶额区和布罗卡三角区的脑功能连接与一般煤矿工人之间存在显著差异；且其背外侧前额叶皮层的脑网络的聚类系数、局部节点效率和全局节点效率与一般煤矿工人存在明显差异。上述脑功能连接特征显示，煤矿工人人因失误倾向者的个人特质为抑郁、冲动、高认知负荷和较弱的注意力控制能力、反应能力、执行能力、情绪稳定能力与工作记忆能力。实验一的研究结果表明，fNIRS静息态功能连接研究手段，可以揭示并量化煤矿工人人因失误倾向者脑功能连接的神经生理特征，为现代化煤炭企业实现科学、精准识别煤矿工人人因失误倾向者提供了重要的技术支撑和数据参考。

(3) 明晰了轮班工作对煤矿工人脑功能连接的影响。实验二基于fNIRS脑影像实验平台，采集了早班、午班和夜班共54名煤矿工人岗前岗后的静息态数据以测量其脑功能连接特征。研究发现，早班、午班和夜班煤矿工人的脑功能连接在岗前岗后均有显著差异。其中，午班煤矿工人岗前岗后的功能连接差异最大，其次是早班煤矿工人，夜班煤矿工人岗前岗后功能连接差异最小。相较于岗前，早班和午班的煤矿工人岗后脑功能连接显著降低，而夜班的情况则与早班和午班相反。三班岗前岗后所有状态的前额叶皮层静息态脑网络都具有小世界属性，早班和夜班煤矿工人的前额叶皮层的中介中心性和局部节点效率具有显著差异。对上述脑功能连接变化进行分析发现：受教育水平较低的轮班煤矿工人的认知能力较低；离异或丧偶的轮班煤矿工人的认知能力较低；早班和午班轮班煤矿工人在工作结束时更容易出现注意力下降、多任务处理能力下降、情绪控制能力下降、认知能力降低并伴有脑网络信息转换效率显著下降等情况；早班轮班煤矿工人的多任务处理能力在工作结束时显著下降；夜班轮班煤矿工人的情绪控制能力在工作结束时显著下降。实验二的研究结果表明，fNIRS静息态功能连接研究手段，可以从认知神经科学的角度量化早班、午班、夜班不同班次工作对煤矿工人脑功能连接神经的生理影响。为进一步提升轮班制度合理性，保障煤矿工人身心健康提供了重要量化指标和分析依据。

(4)构建了基于机器学习的煤矿工人情景意识分类识别模型。在实验一和实验二采集的煤矿工人脑功能连接特征数据的基础上，优选了部分脑功能网络特征，构建了四个SVM(support vector machine，支持向量机)分类识别模型，对不同条件下的煤矿工人的情景意识进行检测。结果显示，SVM分类器对煤矿工人人因失误倾向者情景意识的识别准确率为84.21%；对早班煤矿工人岗前岗后情景意识的识别准确率为97.06%；对午班煤矿工人岗前岗后情景意识的识别准确率为83.33%；对晚班煤矿工人岗前岗后情景意识的识别准确率为83.33%。上述模型为现代化煤矿企业实现科学、精准的煤矿工人个体情景意识排查和检测提供了重要的技术支持和量化数据参考；为政府提供了新的煤矿安全管理和公共安全管理量化思路，进一步促进了我国煤矿监察监管的精准化和科学化发展。

总而言之，本书运用fNIRS脑影像技术，探究了煤矿工人情景意识-不安全行为/人因失误的内在认知神经机制，从安全科学和认知神经科学交叉融合的角度进一步揭示了煤矿工人产生不安全行为或人因失误的内在机制和脑功能连接特征，为煤矿工人情景意识的量化检测提供了重要的数据依据和决策参考。

作　者

2023年12月

CONTENTS 目 录

1 绪论 ………………………………………………………………………………… 1
 1.1 研究背景与意义 ……………………………………………………………… 1
  1.1.1 研究背景 ……………………………………………………………… 1
  1.1.2 研究意义 ……………………………………………………………… 3
 1.2 国内外研究现状 ……………………………………………………………… 5
  1.2.1 煤矿工人不安全行为/人因失误研究现状 ……………………… 5
  1.2.2 基于fNIRS的情景意识与精神状态研究现状 ………………… 14
  1.2.3 fNIRS静息态功能连接研究现状 ……………………………… 19
  1.2.4 研究评述 …………………………………………………………… 25
 1.3 研究目标与研究内容 ………………………………………………………… 26
  1.3.1 研究目标 …………………………………………………………… 26
  1.3.2 研究内容 …………………………………………………………… 27
 1.4 技术路线与章节安排 ………………………………………………………… 29
  1.4.1 技术路线 …………………………………………………………… 29
  1.4.2 章节安排 …………………………………………………………… 30

2 煤矿工人情景意识相关基础理论及全要素理论模型构建 ………………… 31
 2.1 煤矿工人情景意识与不安全行为/人因失误相关基础理论分析 ………… 31
  2.1.1 情景意识 …………………………………………………………… 31
  2.1.2 事故倾向性理论 …………………………………………………… 33
  2.1.3 人的因素分析与分类系统 ………………………………………… 33
  2.1.4 人类行为SOR模型 ………………………………………………… 35
  2.1.5 人的行为公式 ……………………………………………………… 36
  2.1.6 大脑信息加工理论 ………………………………………………… 36
  2.1.7 fNIRS静息态功能连接原理 ……………………………………… 40
 2.2 煤矿工人情景意识全要素模型构建 ………………………………………… 47
 2.3 本章小结 ……………………………………………………………………… 50

3 煤矿工人人因失误倾向者fNIRS脑功能连接特征研究 …………………… 51
 3.1 实验目的 ……………………………………………………………………… 51
 3.2 静息态数据采集及预处理 …………………………………………………… 53
  3.2.1 研究对象 …………………………………………………………… 53
  3.2.2 实验系统与实验步骤 ……………………………………………… 55
  3.2.3 数据采集 …………………………………………………………… 57

3.2.4 数据预处理 ··· 60
　　　3.2.5 功能连接数据处理 ·· 61
　3.3 煤矿工人人因失误倾向者脑功能连接特征实验结果 ························ 62
　　　3.3.1 人口统计学结果 ··· 62
　　　3.3.2 皮尔逊相关系数和 t 检验结果 ·· 62
　　　3.3.3 脑网络参数结果 ··· 65
　3.4 煤矿工人人因失误倾向者脑功能连接特征实验结果讨论 ·················· 72
　　　3.4.1 皮尔逊相关系数特征 ·· 73
　　　3.4.2 脑网络参数特征 ··· 74
　3.5 本章小结 ·· 75

4 轮班工作对煤矿工人 fNIRS 脑功能连接的影响

　4.1 实验目的 ·· 76
　4.2 静息态数据采集及预处理 ·· 78
　　　4.2.1 研究对象 ·· 78
　　　4.2.2 数据采集 ·· 80
　　　4.2.3 数据预处理 ··· 83
　　　4.2.4 功能连接数据处理 ·· 84
　4.3 轮班工作对煤矿工人脑功能连接影响的实验结果 ······························ 85
　　　4.3.1 人口统计学结果 ··· 85
　　　4.3.2 皮尔逊相关系数和 t 检验结果 ·· 85
　　　4.3.3 脑网络参数结果 ··· 92
　4.4 轮班工作对煤矿工人脑功能连接影响的实验结果讨论 ······················· 103
　　　4.4.1 婚姻和教育对轮班煤矿工人认知功能的影响 ······················· 103
　　　4.4.2 皮尔逊相关系数和 t 检验结果 ······································· 104
　　　4.4.3 脑网络参数特征 ··· 106
　4.5 本章小结 ··· 107

5 基于 SVM 的煤矿工人情景意识辨识研究

　5.1 煤矿工人情景意识 SVM 模型研究对象 ·· 109
　5.2 煤矿工人情景意识数据特征优选 ·· 112
　　　5.2.1 获取单个被试者的原始数据 ·· 113
　　　5.2.2 计算 SVM 模型输入数据集 ··· 114
　5.3 煤矿工人情景意识 SVM 分类识别模型 ·· 120
　　　5.3.1 SVM 数据预处理 ·· 120
　　　5.3.2 SVM 分类器模型构建 ··· 121
　5.4 本章小结 ··· 124

6 结论与展望

　6.1 主要工作与结论 ·· 125
　6.2 创新点 ·· 128
　6.3 展望 ··· 129

参考文献 ·· 130

1 绪 论

1.1 研究背景与意义

1.1.1 研究背景

安全是生命之本,无危则安,无损则全。安全生产是关系国计民生的大事,也是一切工作的前提[1]。越来越多的研究和调查表明,人类的不安全行为和失误是事故发生的主要原因和直接原因[2-4]。煤炭在促进各国发展方面一直发挥着至关重要的作用,是世界各国的重要能源。在我国,煤炭产业是经济发展的支柱产业,为中国经济社会发展和能源供应安全提供重要保障。据国家矿山安全监察局通报,2021 年我国矿山事故起数和死亡人数同比分别下降 15.8%、13.9%,煤矿百万吨死亡率同比下降 24%[5]。尽管近年来我国煤矿安全生产管理取得了明显的成效,但重特大事故尚未杜绝,较大事故时有发生,我国煤矿事故伤亡率仍占全球总量的 70% 以上,我国煤矿安全管理依旧任重而道远[6]。

据统计,在我国煤矿行业中,95% 以上的事故是由煤矿工人的不安全行为造成的[7]。矿业是世界上风险最高的行业,其事故发生率高达其他行业的 10 倍[8]。因此,煤矿工人被认为是世界上最危险的职业之一[9-12]。目前,人们普遍认为事故的主要原因是不安全的行为和不安全的条件[3],而人为因素造成的错误是煤矿中最严重事故的主要原因之一[13]。在高危行业,超过 70% 的事故归因于人因失误[14]。然而,对煤矿事故中人因失误的研究尚不充分。人们往往只看到事故或不安全行为/失误,对其背后原因的研究尚不充分,因而人类本身的安全能力,如精神、知识、意识、习惯和心理等方面的局限或状态经常被忽视。

2016年10月9日,国务院安委办印发《关于实施遏制重特大事故工作指南构建安全风险分级管控和隐患排查治理双重预防机制的意见》,明确提出应坚持风险预控、关口前移,全面推行安全风险分级管控,进一步强化隐患排查治理[15]。双重预防机制即"风险分级管控,隐患排查治理"。然而,在现实生产和科学研究中,人们往往更加关注机器、环境和管理方面的风险辨识、隐患排查治理而忽视了对人的风险辨识、隐患排查治理。人的风险、隐患源于具体情况下的个体情景意识。Mica R. Endsley 提出,情景意识是在一定时间和空间内对环境中的各个组成成分的信息感知、理解,进而对随后变化状况的预测[16]。其中,信息感知是情景意识的基础和信息来源,同时也是情景意识的重要组成部分。据统计,76%的人因失误与信息感知有关[17]。由此,良好的情景意识是避免煤矿工人产生不安全行为或人因失误的重要因素。

个体感知能力同时受外因(环境因素)和内因(个体因素)影响,因此,环境因素与个体精神/身体状态是煤矿工人情景意识的重要影响因素。当环境因素与个体精神/身体状态发生改变时,煤矿工人个体情景意识有可能下降或者失效,进而引发不安全行为或人因失误而导致事故。Liu Rulin 的研究显示在2000—2016年我国362起重大煤矿事故中,由于个人的精神状态和心理状态不佳而产生不安全行为是导致事故发生的最主要原因[18]。Chen Zhaobo 指出,当煤矿工人处于不良状态时,煤矿工人容易出现违规行为、决策错误等不安全行为或人因失误[19]。Moshood Onifade 指出,良好的情景意识,如对环境的动态感知及了解能力与识别、应对危害的能力等对井下应急响应至关重要[20]。目前,已有来自航空、汽车、建筑等行业的学者相继应用脑科学的研究手段实验验证了不同条件下个体情景意识、精神状态和身体状态与不安全行为/人因失误之间的关系。然而,在煤矿安全领域,尚未有学者从脑科学角度探究煤矿工人大脑、情景意识与不安全行为/人因失误之间的关系。

人脑是一个复杂的网络,各个脑区处理或整合其他脑区以执行不同的功能[21]。描述神经系统如何实现和控制行为是现代神经科学的中心目标[22]。近年来,在认知神经科学研究中,学者们运用各类新的脑成像方法直接地看到大脑内部"黑箱"与行为、感知和认知相关的活动，从而推断产生这些活动的脑机制[23]。近年来，功能性近红外光谱技术（fNIRS）这一新兴的成像技术，在探索大脑网络结构和各种认知功能背后的大脑机制方面显示出宝贵的潜力，并已成功应用于航空、驾驶、建筑等领域[24]。

2022年范维澄院士指出，基于脑科学的人员风险行为感知与预警是我国安全科学与工程学科"十四五"发展中应促进的重要前沿方向之一[25]。而煤矿工人情景意识的脑功能连接特征提取与识别研究是人员风险行为感知与预警的一个重要组成部分。借助于日益完善的脑影像技术，对煤矿工人多种条件下情景意识的神经机制进行研究，揭示煤矿工人不安全行为和人因失误发生的内在神经机制，这对基于脑科学的人员风险行为感知与预警的理论研究与实践指导都有重要的科学意义。

为了有效降低煤矿工人的失误率和伤害率，全面落实对"人的隐患"进行精准排查，全方位做到风险预控、关口前移，切实加强煤矿安全管理，识别和监测煤矿工人的情景意识势在必行。因此，需要将认知神经科学的研究工具引入煤矿工人情景意识的研究，从脑科学角度进一步探索煤矿工人不安全行为和人因失误发生的内在认知神经机制。

1.1.2 研究意义

多学科的交叉融合是煤矿工人情景意识-不安全行为/人因失误研究的趋势。一方面，融合认知神经科学和安全科学为煤矿工人情景意识-不安全行为/人因失误研究提供了新的方法论和工具。另一方面，脑科学特别是认知神经科学的介入，可以揭示煤矿工人情景意识-不安全行为/人因失误的内在认知神经机制。本书融合认知神经科学和安全科学的视角，从脑科学的角度探究煤矿工人情景意识的内在认知神经机制，并对不同条件下煤矿工人的情景意识进行分类识别，在理论和实践两方面都具有重要意义。

1. 理论意义

（1）个体煤矿工人情景意识-不安全行为/人因失误发生的内在理论机制研

究将丰富安全科学研究领域。受实验设备和测量仪器的限制，以往的煤矿工人不安全行为/人因失误相关研究中，尚未探究大脑与个体不安全行为之间的关系。本书率先引入脑科学研究方法，试图揭开煤矿工人发生不安全行为/人因失误的大脑"黑箱"，丰富个体煤矿工人不安全行为/人因失误发生的内在理论机制，有助于从源头上理解煤矿工人个体认知功能、情景意识与不安全行为和人因失误之间的联系，有助于丰富事故/不安全行为致因理论。

(2)情景意识-认知功能-不安全行为/人因失误理论研究将拓展认知科学研究领域。近年来，认知神经科学飞速发展，由于不安全行为/人因失误的影响因素错综复杂，发生不安全行为/人因失误的大脑认知神经机制尚未明确。本书从认知科学视角，探究煤矿工人情景意识、认知功能与不安全行为/人因失误的关系，为已有大脑和不安全行为/人因失误相关理论模型提供新的发现和研究补充，验证并完善其理论体系，打开一个基于脑科学辨识煤矿工人不安全行为/人因失误的窗口，有助于丰富基于认知科学的不安全行为/人因失误致因理论。

(3)研究将促进安全科学与认知神经科学基础理论的交叉融合。本书搭建安全科学与认知神经科学视域下的煤矿工人情景意识、认知功能与不安全行为/人因失误关系理论分析框架，为探究煤矿工人情景意识内在机制提供新的途径，有助于促进安全科学与认知神经科学的交叉融合，丰富安全科学与认知神经科学相关理论体系。

2.实践意义

(1)有助于提升煤炭企业的安全管理水平。本书一方面有助于煤矿企业在煤矿工人下井前提前检测员工是否存在不良精神状态或认知功能受损，将安全管理的关口前移，实现真正意义上的事前精准预防管理，进一步提升现代化煤矿的安全管理水平；另一方面对安全可靠性要求更高的岗位的人员的胜任能力评测或选拔也有重要的实践价值。

(2)有助于保障煤矿工人的身心健康。本书所述方法有助于管理者科学、高效地了解煤矿工人的身心状态，提前对煤矿工人给予精准的人文关怀，减小煤矿工人发生不良精神和身体状态的概率,进一步保障煤矿工人的身心健康。

(3)有助于提升政府的煤矿安全管理水平。本书对煤矿工人脑功能特征进行量化和分类识别,为政府提供新的煤矿安全管理和公共安全管理量化思路,有助于提升政府的安全管理水平,进一步促进煤矿监察监管和公共安全管控的精准化和科学化。

1.2 国内外研究现状

1.2.1 煤矿工人不安全行为/人因失误研究现状

作为世界上风险性最高的职业之一,煤矿工人的不安全行为(unsafe behavior,UB)一直是国内外安全科学的热点课题之一。与此同时,煤矿工人人为错误(human error,HE)/人因失误(human factor,HF)也是近年来国际上人因工效学领域内的前沿、热点研究问题之一。由于不安全行为往往是指可能造成事故的人因失误,本书将煤矿工人不安全行为与人因失误合并整理。

专家学者们主要采用实证方法和实验方法对煤矿工人的不安全行为/人因失误进行研究。其中,实证方法主要包括:事故分析、统计分析、问卷调查、模型分析、专家打分、仿真分析等。实验方法主要包括:生理实验、图片和视频行为识别实验等。

1. 基于实证方法的煤矿工人不安全行为/人因失误研究现状

在煤矿工人的不安全行为领域,国内外大多数学者侧重于事故分析、统计分析、定性分析、定量分析、问卷调查、模型分析、因素分析、专家打分、仿真分析和其他实证方法。

(1)问卷调查法。曹庆仁应用问卷调查法分析了管理者的设计行为和管理行为对矿工不安全行为的影响作用,并提出管理者的管理行为会显著影响矿工的安全知识和安全动机以及矿工的服从性行为和参与性行为[26]。Li Jizu设计了安全行为规范问卷来调查煤矿工人的不安全行为,结果显示大多数的煤矿工人心理健康状态较差,不同岗位人员的认知能力和责任感差异很大[27]。李红霞对一线煤矿工人进行了问卷调查,构建了煤矿工人安全认知与不安全行为模型,并发现现场危险认知、工友风险行为认知、职业安全认知、规章制度认知和安全态度对矿工不安全行为具有显著影响,现场危险认知、职业安全认知和规章制度认知对矿工安全态度有显著影响[28]。Wang Chen采用主成分分析法对山东省7个矿区的1 590名一线煤矿工人进行了为期3个月的横断面问卷调查,结果表明更年轻、经验更少的煤矿工人更有可能表现得安全[29]。李元龙探究了心理韧性、安全态度与安全行为的影响关系,并证明心理韧性显著正向影响煤矿工人的安全行为和安全态度[30]。Amrites Senapati调查了煤矿井下事故相关的人因失误的原因主要包括:来自大规模家庭、没有受过正规教育、经常饮酒、疾病、风险行为及不良工作组织[31]。

(2)事故分析法。周刚应用事故案例分析法,提出应从安全教育、技术培训、人机系统设计等方面预防人因失误,从建立和维持操作者对安全工作的兴趣、作业标准化、安全管理等方面来控制人的不安全行为[32]。Jessica M. Patterson分析了澳大利亚昆士兰州的508起采矿事故,结果显示基于技能的错误是最常见的不安全行为[12]。Wu Lirong调查了1949—2009年间中国发生的26起重大煤矿事故,发现发生采矿事故的原因都是人因失误[33]。宋泽阳基于人的因素分析与分类系统(human factors analysis and classification system, HFACS)对国内515起煤矿伤亡事故发生的原因进行整理分类,指出安全管理体系的缺失主要在管理文化和监督方面,不安全行为主要为决策差错和习惯性违规,并指出安全管理体系缺失是导致不安全行为的潜在根本原因[34]。Chen Hong分析了中国煤矿事故发生趋势,结果显示中国煤矿事故主要集中在瓦斯爆炸事故和矿井水事故,其中人为因素占94.09%[7]。He Gang分析了300起典型煤矿事故的案例,构建了相对完整的煤矿工人安全行为体系,并对煤矿工人不安全行为体系进行了定量分析,然后详细解释了影响因素在该体系中的路径和分歧,研究表明,煤矿工人的不安全行为是造成煤矿事故的主要原因[35]。Zhang Yingyu分析了山东省的320起煤矿事故,结果显示,不完善的规章制度和操作者的不安全行为是事故发生的主要人为因素[36]。Yin Wentao分析了

2000—2014年中国煤矿致命瓦斯爆炸事故和不安全行为的特征,结果显示,所有煤矿瓦斯爆炸相关的不安全行为都可以从事故现场工装、设备、安装三个维度进行分析[11]。Liu Rulin 根据2000—2016年中国362起重大煤矿事故的统计数据,采用专家评分、权重计算和一致性检验相结合的方法,确定事故致因的权重,并使用卡方检验和优势比分析,建立了中国煤矿人为因素分析与分类系统[18]。Gui Fu分析了2008—2018年中国的瓦斯爆炸事故,通过案例分析发现人因失误是煤矿安全事故的主要原因,在这些错误中,没有严格执行爆炸预防措施、违章指挥、违章操作是矿工主要的不安全行为[37]。Fa Ziwei以2011—2020年中国883起煤矿事故报告为原始数据,建立了改进的煤矿人为因素分析分类系统,结果表明,不安全行为的先决条件对不安全行为的直接影响最大;机械设备因素、物理环境因素、不安全前提条件等因素可以直接影响员工的不安全行为,而外部影响、组织影响和不安全监督只能通过其他中间变量对不安全行为产生影响[38]。

(3)统计分析法。田水承从内在因素和外在因素两方面总结了矿工不安全行为影响因素,并运用行为观察法和行为抽样法对矿工不安全行为进行采集[39],构建了矿工不安全行为外部因素数据库,结果表明,外部因素中环境因素与矿工的不安全行为强相关[40]。李琰运用统计分析法,对近16年矿工不安全行为相关文献中关键词频率较高的事故、原因、测量方法及措施四个方面进行了综述,研究发现矿工的不安全行为是各类事故产生的直接原因,且矿工的行为失误是最主要因素[41]。Qiao Wanguan使用数据挖掘方法对2013—2015年2 220人的35 364个不安全行为数据进行了分析。结果表明,培训、年龄、经验和出勤是导致不安全行为发生的四个主要因素,其中培训因素与不安全行为发生的关联性最强,培训不合格、考勤无效、工作经验较少的人,更容易出现不安全行为[42]。黄辉根据2 136篇矿工不安全行为相关文献,从个体、工作、组织、管理四个层面整理了不安全行为的影响因素,指出不安全行为数据获取方法与专用设备将是未来的研究方向[43]。

(4)模型分析法。胡利军构建了煤矿安全事故的人因失误因素结构图,结果表明,组织管理因素和矿工的冒险与侥幸心理是导致煤矿安全事故的重要人因失误[44]。李磊以 G 矿 N1301 工作面的矿工为研究对象,构造了煤矿工人不安全行为影响因素的网络结构模型,并对煤矿工人不安全行为的影响因素进行了重要性分析[45]。刘双跃认为不安全行为主要是源于安全知识不足,安全技能不够和安全意识淡薄,并提出应根据不安全行为的成因对工人进行具有针对性的安全教育[46]。赵泓超将煤矿井下常见的不安全行为进行分类,构建了矿工不安全行为后果严重程度层次分析模型,结果表明,"一通三防"(通风,防尘,防瓦斯,防火)方面的不安全行为所导致的后果最为严重,机电检修、掘进作业、爆破作业和综采作业的不安全行为所导致的后果较为严重,而辅助运输和胶带运输的不安全行为所导致的后果严重程度较轻[47]。Zhang Weihua 以结构方程的研究方法,建立煤矿工人因失误在生活事件视角下的因果机制模型,模型分析表明,生活事件对人因失误有显著的正向影响,其影响路径为"生活事件—精神压力—精神功能—生理功能—人因失误"和"生活事件—精神压力—生理功能—人因失误"。

田水承基于计划行为理论,引入工作压力和风险倾向变量,提出了矿工不安全行为的假设模型,探讨了不安全行为的影响因素与不安全行为之间的影响方式和影响路径[48];构建了矿工不良情绪影响因素结构方程模型,将矿工产生不良情绪的影响因素从高到低排序为:环境因素,沟通交流,家庭因素,个人因素和组织管理[49];基于社会网络理论及 SIR(susceptible - infected - recovered,易感者、感染者、移出者)传播模型,构建了新的矿工不安全行为传播模型,并将模型模拟仿真应用于陕西省咸阳市某煤矿,针对其矿工不安全行为传播的治理提出了指导性建议[50]。李红霞从矿工自身、组织管理、工作环境三方面出发,构建了矿工不安全行为影响因素多层递阶结构模型,并分析了各因素之间的层次递阶关系[51];从安全信息、安全信息传播、个体信息感知、个体信息认知和个体信息利用 5 个一级因素出发,构建了矿工个体安全信息力影响因素模型[52]。

Marcin Butlewski 指出矿工疲劳是工作安全体系的关键因素并构建了矿工疲劳管理系统,该系统可以根据当前工作情况的特定疲劳来源,为已确定的危急情况选择操作措施;根据在采煤掘进工作中的矿工的精神运动特征选择工作任务;为员工选择推荐的工作任务,以减少特定疲劳因素的影响[53]。常悦以山西某煤矿为研究背景,构建了心理、生理、管理、环境等多因素指标评价体系用以矿山监控[54]。史德强构建了钨矿掘进工作面的人因失误致因模型,结果显示,环境因素为最主要的因素,其次为人的因素和设备因素[55]。Shikha Verma分析了印度煤矿工人的人因分析与分类系统,开发了基于事故预测的模糊推理系统,结果表明,基于技能的人因失误最多,急需予以缓解[56]。席晓娟构建了分析煤矿安全管理体系缺失及不安全行为的 HFACS 框架,整理并分析了安全管理体系缺失及不安全行为发生的原因[57]。

赵梓焱基于成本收益理论,构建了矿工不安全行为的成本收益模型,提出了以内外两种驱动力提高矿工主体安全行为收益的治理策略[58]。Wang Linlin 建立了煤矿安全指标体系分层模型,系统分析了煤矿安全的影响因素和影响机制,结果显示,领导力与协调能力、个人特征、工作满意度、安全意识、知识和技能、适应性、设备和设施、操作工具、安全装置、操作条件、物理环境和地质条件是煤矿安全事故的直接影响因素[59]。张瑜提出了矿工行为情景本体模型,并将情景模型分为矿工行为、设备和环境三个模块,结果表明,矿工行为情景本体的不同模块具有功能独立性,可以单独地实现领域扩充[60]。Cao Qinggui 建立了基于自组织和异组织的矿工不安全行为模型,利用定性模拟技术和基于遗传算法-反向传播神经网络算法的定性模拟滤波的群体安全行为软件平台,运用定性方法模拟了煤矿工人的群体安全行为,其模拟结果提高了群体安全行为的仿真效率和可靠性,也为煤矿安全管理领域的相关研究和应用提供了参考[61]。

黄知恩提出了高原矿山作业疲劳-人因失误框架,研究表明疲劳稳定期通常作业效率较高、失误率低且基本稳定;疲劳末期疲劳积累进一步加深,作业失误率激增,为防止疲劳性损伤,必须停止作业[62]。牛莉霞提出了压力源-倦怠-心智游移假设模型,分析结果表明压力源正向影响矿工倦怠,并受到主动性人格和管理系统有效性的调节;倦怠正向影响矿工心智游移,并在压力源对矿工心智游移的影响中起部分中介效应[63]。杨雪构建了情感事件视角下矿工不安全行为影响因素系统动力学模型并对矿工不安全行为影响因素作用机制进行动态仿真模拟,结果表明,认知水平、积极情感事件和安全氛围对不安全行为具有抑制作用,心理压力和消极情感事件对不安全行为具有促进作用[64]。安宇从心理学角度出发,将不安全行为分为非意向性和意向性,构建了基于计划行为理论的事故致因模型,结果表明,非意向性不安全行为的主要影响因素为安全意识、安全知识、安全习惯和安全生理等个体驱动因素;意向性不安全行为的主要影响因素为行为态度、主观规范和知觉行为控制等个体行为意向[65]。吕威建构建了以情绪耗竭为中介变量,组织支持感为调节变量的理论模型来探究工作负荷与矿工不安全行为之间的关系,研究结果表明,工作负荷显著正向影响矿工不安全行为,情绪耗竭在两者之间起部分中介作用,组织支持感负向调节矿工情绪耗竭对不安全行为的正向影响[66]。

李红霞构建了智慧矿山工人人因失误影响指标,研究表明,智慧矿山工人操作能力、应急反应能力、决策能力、人机匹配度以及机器设备的安全水平等5种因素对智慧矿山人因失误影响较大[67]。Di Hongxi 提出了一种智能事故预测框架,用于监测和分析地下煤矿的安全隐患和安全行为,事故模型的路径分析表明,不利影响、冒险行为预测和工作不满意度是矿井中伤害数量增加的原因[68]。Qiao Wanguan 提出了一种基于耦合理论的多因素风险测度模型,结果表明,人与管理因素的风险耦合产生的风险最大,煤矿事故风险值随耦合因素的增加而增加[69]。

2.基于实验方法的煤矿工人不安全行为/人因失误研究现状

近年来,学者们逐渐认识到,基于客观测量的实验研究方法,可以引入安全科学并进一步探索煤矿工人的不安全行为/人因失误。

(1)生理实验。目前,学者们相继运用了肌电、心电、皮电、眼动、脑电、多导生理仪、注意力集中能力测试仪和双调节能力测定仪等生理实验仪器测量了特定条件下煤矿工人的个体反应。

Christine M. Zupanc 应用煤矿胶轮车模拟器,测量了避障任务期间交替兼容和不兼容转向装置的误差和反应时间,结果显示,交替控制响应关系的后果是更高的错误率和较慢的响应[70]。Brian L. Quick采用实验研究评估佩戴听力保护装置的原因,结果表明矿工的态度和主观规范是佩戴听力保护装置意愿的先行因素,佩戴听力保护装置的意愿可以预测矿工的听力保护行为[71]。赵泓超使用生理测量实验(注意力集中能力测试仪、心率和皮电反应)和心理学调查问卷(矿工不安全行为测量量表),对山西同煤集团某矿一线矿工进行了实验研究,结果表明,生理因素和环境因素对矿工的不安全行为具有重要影响,而心理、管理及文化等因素对矿工的不安全行为影响程度较低[72]。

田水承采用实验法测量了矿工生理指标与噪声的关系、噪声对操作失误次数的影响以及矿工在噪声条件下的个体行为能力,结果表明,噪声对试验对象的生理指标具有显著影响,在有噪声的条件下被试者的操作失误次数显著增多[73];应用行为数据采集系统,双臂调节能力测定仪和眼动分析系统,试验了疲劳对不安全行为的影响,结果表明,疲劳对试验对象的生理指标影响明显,疲劳状态下的实验对象操作更容易出错[74];测量了被试者在正常环境及高温联合噪声环境下的协调能力和反应能力,结果表明高温联合噪声环境会导致实验对象的心率、呼吸率和出错次数增加,反应时间延长,安全行为能力降低,增大其发生不安全行为的概率[75]。杨妍运用脑电测量实验,结合神经管理学和安全管理学理论与方法,对疲劳状态下矿工的不安全行为进行了实验研究,结果表明,疲劳前后P_{3a}成分的波幅、潜伏期都有不同程度的变化,疲劳时矿工注意能力下降,引发不安全行为的可能性较大[76]。张羽应用多导生理仪,测量了矿工生理疲劳与不安全行为的关系,结果表明,心率、皮电反应在疲劳积累过程中变化非常显著,疲劳状态不同,心率和皮电反应也会随之变化[77]。

吴红玉运用多导生理仪,进行了矿工生理疲劳与不安全行为的实验研究,揭示了心率和心率变异性等生理指标和生理疲劳度之间的线性关系[78]。车丹丹采用生理实验方法,分析了个体在不同警觉状态下的生理变化及安全行为能力,结果表明,在不同警觉状态下,心率、低频与高频比值表现出不同的变化趋势;警觉度提高时,精神集中,情绪紧张,交感神经占据优势,心率上升,低频与高频比值变小;此外,不同个体的安全行为能力不同,同一个体在不同的警觉度下的安全行为能力也不同[79]。Yu Yue 以王庄煤矿为例,对基于安全行为措施实施前后的煤矿工人不安全行为和心理进行了比较研究,验证了安全行为措施的实施对降低煤矿工人事故发生率相当有效[80]。寇猛研究了不同学历水平矿工安全行为能力的差异,结果显示,大专及以上学历矿工和高职及以下学历矿工的空间知觉能力具有显著差异;大专及以上学历矿工和高职及以下学历矿工的声光反应能力具有显著差异[81]。

Chen Shoukun 对高海拔矿工疲劳的心电图生理指标(心率变异性等)进行了实地试验和研究,分析了高海拔、寒冷和缺氧环境下矿工的疲劳特征和敏感性参数,结果显示,矿工心率变异性的时域指数和频域指数在疲劳后明显改变[82];测量了高海拔和寒冷地区矿工的疲劳心理生理参数,如心电图、肌电图、脉搏、血压、反应时间和肺活量,并进行多特征信息融合和疲劳识别,结果显示,矿工疲劳后心电时域、心电频域、肌电图、肺活量收缩压和脉搏差异显著[83];构建了基于心电图和肌电信号的高原环境矿工疲劳识别信息融合与多分类系统,结果显示,心电图和肌电图的生理指标随疲劳变化明显、有规律,表明使用 SVM、RF 和 XG-Boost 模型进行矿工疲劳识别是可行的[84]。张心怡提出了一种以本体为载体,结合数据与知识的行为理解与判识方法,用来判识矿工的不安全行为,针对井下空间中的矿工不安全行为判识问题提出了知识驱动与数据驱动结合的行为理解与判识方法[85]。Tong Ruipeng 采用实验方法,通过开发具有代表性的操作任务来模拟煤矿的实际工作,定量地探讨了工作压力对不安全行为的影响,结果表明,实验情景可以有效地诱导减小工作压力,并且存在一个临界点,其中不安全行为被大大降低;当压力水平低于临界点时,不安全行为与压力水平之间存在线性关系[86]。Li Jing 模拟实验研究噪声对地下煤矿矿工安全行为的影响,结果表明,环境噪声水平的升高会对注意力、反应速度和疲劳程度产生影响;噪声与疲劳程度呈正相关,与注意力和反应速度呈负相关。在噪声环境中,人员对光学刺激的敏感性高于对声刺激的敏感性;当噪声水平达到 70~80 dB 时,注意力、疲劳程度和反应速度的测试指标将发生显著变化[87];研究了煤矿照明环境对地下煤矿中人类安全行为的影响,照度对人体疲劳、注意力、反应能力和手眼协调能力有显著影响;具体而言,人体疲劳程度与照度呈负相关,其他指标与照度呈正相关[88];使用虚拟现实技术测量了煤矿噪音对矿工疲劳的影响,结果显示,随着暴露于噪音的时间延长,参与者在连续工作班期间的疲劳评价会增加,而且煤矿噪音对夜班矿工的影响更大[89]。

(2)图片和视频行为识别实验。近年来,基于图片和视频的行为识别与动作捕捉技术受到了煤矿安全领域学者们的关注。

基于图片分析,陈庆峰基于 Kinect 传感器的人体行为识别技术对矿井皮带区域的矿工的不安全行为进行了识别,提出了一种基于多层次互补特征的矿工行为表示方法,融合运动姿态相对位置特征、运动姿态角度特征和运动姿态帧间位移特征对矿工行为进行描述,其识别有效性大于90%[90]。杨赛烽利用 Kinect 体感传感器研究了副井罐笼内矿工的行为并结合副井安全门图像信息对矿工行为性质进行了判识,实验表明,矿工动态行为识别率大于80%[91]。佟瑞鹏提出了融合计算机视觉、表示深度信息的深度图像、可穿戴传感器等人工智能识别技术的矿工行为识别系统,结果表明,经过融合后的识别方法对矿工跌倒行为的识别效果高于其他识别方法[92]。仝泽友提出了一种通过双层光流运动历史图对矿工行为进行检测的方法和一种深层迁移学习方法,训练矿工行为识别模型以解决矿工运动过程中变速运动识别率较低的问题,其识别有效率大于90%[93]。陈天应用行为识别技术及场景分类算法进行了煤矿复杂场景下的矿工不安全行为识别方法研究,其识别有效率大于80%[94]。

基于视频分析,Ding Enjie 提出了一种新颖有效的矿工不安全行为描述模型,旨在全面描述上述多维信息,可用于矿工行为的视频识别和视频注释;视频中的多维信息通过区域建议网络进行实时对象检测,自动提取并转换为矢量表示,然后将特征矢量输入到两层长短期记忆模型中以生成语言描述,其模型的识别准确率和鲁棒性高于其他识别方式[95]。徐达炜用视频监控信息对矿井下的不安全行为做出判识,针对煤矿井下光照不足、矿工遮挡等问题,融合模型使用 C3D(convolutional 3D,3D 卷积)模型分别结合时间注意力与空间注意力提取矿工与环境交互的信息,并提出时间和空间注意力的自注意力和特征注意力形式,其模型识别有效率大于80%[96]。

1.2.2 基于 fNIRS 的情景意识与精神状态研究现状

随着可穿戴设备技术的飞速发展,学者们逐渐意识到对通过生理或神经技术设备连续、客观地评估操作人员的情景意识的迫切需要[97]。而 fNIRS 作为一种前沿的、无创的脑影像技术,受到了航空、驾驶、建筑等行业与安全科学、人因工效学、认知神经科学、认知心理学和脑科学等学科的跨学科研究学者的青睐。由于情景意识是个体在特定时间和空间内对外部环境的感知集合,因此研究涉及疲劳、认知负荷、情绪、睡眠剥夺等不利于安全的精神状态。

1. fNIRS 情景意识在不同行业的研究现状

近年来,已有来自驾驶、建筑、电力、航空、制造业和航海业的相关学者从疲劳、注意力分散、认知负荷和精神负荷、情绪、睡眠剥夺和困倦等认知功能领域应用 fNIRS 来研究情景意识相关课题。

(1)驾驶。Hitoshi Tsunashima 提出了一种基于离散小波变换的多分辨率分析信号处理方法,用来评估有无自适应巡航控制系统的汽车驾驶员的脑功能,并应用 fNIRS 和 fMRI(functional magnetic resonance imaging,功能磁共振成像)对 9 名受试者进行心理计算,结果表明,所提出的方法对评估由于该任务引起的大脑活动是有效的[98]。Myounghoon Jeon 研究了情景意识中情绪对驾驶性能的影响,结果表明,与中性状态相比,诱导的愤怒状态中驾驶员的态势感知能力以及驾驶性能会降低[99]。Liu Tao 应用 fNIRS 模拟驾驶任务中的瞌睡和前额叶激活之间的关系,结果表明,昏昏欲睡的人可能会表现出更多的前额叶激活以作为补偿性的努力来保持大脑所需的表现水平[100];检测了模拟驾驶任务期间被试者困倦和前额叶激活之间的关系,证明了作为一种非侵入性脑成像技术,fNIRS 可以在现实公路中测量驾驶员的大脑激活情况[101]。

Anirudh Unni 评估了驾驶员的精神负荷,结果显示,在自然环境下的任务中,双侧前额叶皮层的血流动力学反应可以可靠地用于量化认知工作量水平[102]。Hannah J. Foy 研究了年轻驾驶员的前额叶皮层激活以及与心理负荷和抑制控制操作相关的激活变化,证明前额叶皮层活动与超车所需的精神负荷有关;年轻驾驶员的激活减少可能与前额叶缺乏成熟有关,这可能导致该类人群的碰撞风险增加[103]。Sangtae Ahn 在休息良好和睡眠不足两种条件下进行模拟驾驶,同时收集了多模态脑电、心电、眼电和 fNIRS 反应系统数据,来量化驾驶员的精神疲劳,提出了一种新的驾驶条件水平,可以准确地区分休息良好和睡眠不足条件下的大脑特征[104]。赵越采用 fNIRS 测量了驾驶员非随意注意脑功能及疲劳驾驶状态下驾驶员的反应,研究发现,随着驾驶时间的增加,驾驶员的脱氧血红蛋白浓度有上升情况[105]。

David Sirkin 开发了一个模拟驾驶环境,用于测量驾驶员在不同驾驶场景下的情景意识[106]。Liu Zhian 使用 fNIRS 评估了在休息、简单驾驶和跟车状态下,大脑网络中前额叶皮层、运动相关区域和视觉相关区域之间有效连接的变化,结果表明,大脑皮层的血氧活动水平随着认知工作负荷的增加而增加,大脑网络的有效连接可以被认知工作负荷所加强,但也可以被多余的认知工作负荷所削弱[107]。Xu Liwei 使用 fNIRS 评估了疲劳驾驶时驾驶员的脑功能连接特征,结果表明,在驾驶任务结束时,前额叶皮层和运动皮层在 $0.021 \sim 0.052$ Hz、$0.6 \sim 2$ Hz 和 $0.154 \sim 0.6$ Hz 频率内的小波相位相干性显著降低,并对前额叶的认知功能产生不利影响[108]。王碧天使用 fNIRS 和虚拟现实对驾驶员脑功能/驾驶能力进行了评估,提出了一种用于滤除 fNIRS 测量脑功能的表层生理信号的方法,并基于虚拟驾驶任务实验对该滤波方法的有效性进行了证实[109]。高原采用 fNIRS 研究了驾驶员脑部前额叶区域脑功能活动对视觉非随意注意的响应,结果显示,在长时间的模拟驾驶过程中,驾驶员头部前额叶左侧的部分区域的含氧血红蛋白浓度与行为表现具有强相关性[110]。

徐功铖从驾驶员的脑连接角度出发,构建正常驾驶和注意力分散驾驶状态大脑连接模型,建立驾驶员脑连接指标和驾驶行为参数的联系,用以评估驾驶员的注意力分散状态和程度。基于 fNIRS 实验发现,注意力分散状态下附加条件任务驾驶的速度标准差和驾驶错误数量上升;不同的条件驾驶任务干扰下驾驶员脑功能连接特性都与左右运动皮质区域有关[111]。

Rayyan A. Khan 使用 fNIRS 检测了驾驶任务期间的驾驶员的嗜睡情况，结果显示 fNIRS 数据可以用于检测驾驶员的瞌睡水平[112]。霍聪聪研究了不同驾驶任务下驾驶员脑功能效应连接网络的变化特征，通过设计不同的驾驶风险点来增大驾驶员的脑力负荷，从而诱导其产生误踩操作行为；分析了不同性别的驾驶员在不同负荷难度的驾驶任务下其脑网络感知特性的区别，探索性别因素对误踩操作行为的影响[113]。Monika Lohani 综述了心理生理学的措施（fNIRS、脑电图和事件相关电位、光学成像、心率和心率变异性、血压、皮肤电导、肌电图、热成像和瞳孔测量等），这些措施可以用来评估驾驶员在现实世界的驾驶环境中的认知状态[114]。Sushmethaa Muhundan 探索了母语和第二语言处理对情绪驱动因素的态势感知、驾驶性能和主观感知的影响，结果显示母语语音系统提高了驾驶性能和情景意识能力[115]。

(2) 建筑。Hu Mo 应用 fNIRS 开发了一种准确的方法，用来测量和区分危险识别任务中的认知反应。结果发现，随着危害严重程度的降低，达到认知激活峰值的时间（即响应时间）增加；危险能量的类型（重力、电能、机械能和化学能）也会显著影响峰值响应时间，参与者对重力危害的反应更快，而对化学危害的反应最慢。与大脑中特定区域（如注意力、工作记忆、地形记忆和情绪刺激）相关的认知能量（即峰值或平均认知努力）根据危险类型而有很大差异。研究表明，危害的严重程度和类型是由大脑中不同的区域处理的[116]。

(3) 电力。Shi Yangming 提出了一种神经生理学方法来评估不同虚拟训练场景下工人的压力状态和任务绩效。开发了一个集成了眼动跟踪功能的虚拟现实系统，以模拟在正常和有压力的情况下更换热交换器的电厂停机维护操作，并应用 fNIRS 测量了 16 名被试者的神经活动模式以及与压力状态和最终任务表现相关的生理指标（凝视运动）的关系。实验结果表明，压力训练对参与者的神经连接模式和最终表现有很大的影响，复习阶段的注视运动模式与最终任务表现之间，以及神经特征与最终任务表现之间存在显著相关性[117]。

(4) 航空业。潘津津利用 fNIRS 评估了模拟飞机驾驶任务脑力负荷的可行性，结果表明背外侧前额叶皮层的 fNIRS 信号对脑力负荷相对更敏感；含氧血红蛋白和总血红蛋白浓度随脑力负荷任务难度的提升而增高,而当难度超过一定程度后血红蛋白浓度就会下降[118]。Leanne Hirshfield 应用 fNIRS 测量了飞行员在四种任务下的情景意识,比较了高 SA 和低 SA 飞行员之间的大脑差异,结果表明,高 SA 组合和低 SA 组合间大脑活动的差异具有统计学意义[119]。Thibault Gateau 使用 fNIRS 评估了飞行员的精神状态与工作记忆负荷,结果显示,应用 fNIRS 数据可以识别、分类飞行员的瞬时心理状态和不同工作记忆负荷下的心理状态[120]。

姜劲研究了不同脑力负荷(N-back 实验)和不同情绪组合下(负性情绪、正性情绪和中性情绪)的操作者的精神状态,结果显示,评估模型对不同情绪的分类准确率大于 70%[121]。Mickaël Causse 在飞行员中使用 fNIRS 量化了前额叶皮层中的精神负荷和神经效率,结果显示,fNIRS 适用于评估与人类操作相关的精神状态[122]。Frédéric Dehais 开发了一个基于脑电融合指数的被动脑机接口,使用参与相关特征(脑电参与比和基于小波相干的脑电融合指数)来监测两种模拟飞行条件下的认知疲劳,结果表明,含氧血红蛋白可以作为有效数据分类的基础[123]。Kevin J. Verdière 应用 fNIRS 评估了 12 名飞行员在手动和自动两种着陆情况下的精神状态和人因失误,结果显示,功能连通性特征的表现明显优于经典血红蛋白浓度指标,在功能连接指标中小波相干性的精度最高[124]。Mickaël Causse 评估了年龄、心理负荷和飞行经验对私人飞行员认知表现和前额叶活动的影响,结果显示,飞行员的专业知识可能有助于在整个成年期保持执行功能[125]。

(5)航海业。范诗琪利用脑电图(electroencephalography, EEG)和 fNIRS 对船舶驾驶员心理因素开展了实验研究,通过构建情绪和工作负荷的识别模型,定量分析情绪和工作负荷与远洋船舶驾驶员人因失误、决策行为的关联性,研究发现,在决策阶段船舶驾驶员的脑功能连接更加高效,右背外侧前额叶皮层的活动增强、大脑功能连接密度降低、聚类系数增强,有助于船舶驾驶员的正确决策行为[126]。Fan Shiqi 应用 fNIRS 试验了海上作业期间前额叶皮层和功能连接的作用,结果表明,右侧前额叶区域对操作过程中的观察和决策很敏感,图论研究方法可用于安全关键性能预测[127]。

(6)制造业。高龙龙采用 fNIRS 监测了流水制造单元中作业者完成不同负荷水平的重复装配任务时,大脑在前额叶皮层与双侧运动皮层的响应,以探究作业者脑力负荷的变化及其影响。研究表明,在不同操作阶段,大脑被激活的区域有所不同。其中,在装配任务初期,左侧背外侧前额叶皮层、双侧初级运动皮层与辅助运动皮层被激活;在装配任务中期,右侧背外侧前额叶皮层与内侧前额叶皮层被激活;在装配任务后期,内侧前额叶皮层被激活[128]。

2.认知神经领域内 fNIRS 精神状态研究现状

在认知神经科学领域,学者们主要关注认知负荷、睡眠剥夺、注意力及情绪影响下的个体精神状态与行为的关系。

(1)认知负荷/精神负荷。Frank A. Fishburn 应用三种负荷条件的 N-back 任务检测了 16 名被试者的认知负荷与认知功能连接的关系,结果显示,双边前额叶皮层的工作记忆负荷呈线性关系,功能连接随着前额-顶叶、半球间背外侧前额叶和局部连接的 N-back 负荷的增加而增加[129]。Ryan McKendrick 应用 fNIRS 和增强现实可穿戴显示器在野外测量了大学生的情景意识能力和认知负荷,结果显示,大学生使用增强现实可穿戴显示器产生的错误与前额叶活动增加有关[130]。Haleh Aghajani 应用 EEG+fNIRS 混合功能神经成像技术量化了人类的精神负荷,结果表明,EEG+fNIRS 的特征与分类器相结合,能够稳健地分辨出不同程度的精神负荷[131]。Jesse Mark 应用包含 fNIRS、心电图、脑电图、脑电生理学和眼动追踪的多模态系统评估了六种不同状态下的认知负荷:工作记忆、抑制性控制、持续注意力、风险评估、多任务处理和态势感知,以捕获大脑和身体测量中工作量的多维生物标志物[132]。Mark Parent 通过机器学习同时对精神负荷(三种 N-back 任务)和急性压力(存在/不存在厌恶的声音)建立了精神状态的诊断模型,结果显示,大脑皮质外侧前额叶区域的活动对精神负荷和急性压力的分类更好,氧合血红蛋白信号的分类效果更好[133]。

(2)睡眠剥夺。M. Jawad Khan 使用 fNIRS 实验区分了被动脑机接口的警报和瞌睡状态,结果显示,使用右背外侧前额叶的平均氧合血红蛋白浓度、信号峰和峰值之和作为特征时分类性能最好[134]。Andrew Myrden 调查了三种精神状态:疲劳、沮丧和注意力不集中对脑机接口(brain computer interface,BCI)表现的影响,结果表明,挫折感和 BCI 表现之间存在显著关系,而疲劳和 BCI 表现之间的关系接近显著。当自我报告的疲劳度较低时,BCI 表现比平均水平低 7%,而当自我报告的挫折感为中等时,BCI 表现比平均水平高 7%[135]。Thien Nguyen 调查了休息和睡眠状态下的大脑功能连接,结果显示,闭眼和非快速眼动睡眠状态的脑功能连接率较高[136]。Guillermo Borragán 研究了睡眠剥夺后认知疲劳状态下的行为神经动力学表现,结果表明,在高睡眠压力情况下,认知疲劳诱导后持续注意力的降低不仅仅是大脑资源的调节作用,还有左前额叶皮质区域之间的功能连接受损的影响[137]。

(3) 注意力。Rémi Radel 评估了体力疲劳与注意力集中感知的关系,结果显示,在 60 min 的任务下,氧合血红蛋白在右背外侧前额叶皮层的浓度低于在 10 min 的任务下的浓度,在右内侧额叶皮层的变化则相反;同时,在 60 min 的任务下的注意力比 10 min 的任务下更加不集中[138]。Frédéric Dehais 提出了一个认知连续体,即压力源可以使健康的大脑暂时受损,研究表明,背外侧前额叶皮层是执行和注意控制的关键结构,任何暂时性(压力源、神经刺激)或永久性(病变)的损害都会影响适应性行为[139]。

(4) 情绪。王思锐研究了基于近红外信号的情绪识别算法,设计了基于视频刺激的情绪诱发实验范式,讨论了机器学习分类情绪识别的准确率,研究结果表明,使用粒子群寻优时,分类准确率更高[140]。王恩慧研究了一种基于 EEG-fNIRS 的情绪识别系统,分析情绪刺激实验的诱发效果,实现正性和负性情绪分类,并应用机器学习算法对情绪进行分类研究,结果表明,使用粒子群寻优时,分类准确率更高[141]。

1.2.3 fNIRS 静息态功能连接研究现状

fNIRS 静息态功能连接作为一种新兴的脑科学研究方法,相关研究主要以英文文献居多。在中文文献中应用 fNIRS 静息态功能连接研究的文献相对较少,仅限于应用方法的介绍和驾驶领域,绝大多数应用静息态功能连接方法的相关研究仅限于 fMRI。

1. fNIRS 静息态功能连接的应用性和实验价值

自 2010 年以来,学者们开始关注 fNIRS 静息态功能连接的应用性和实验价值[142-143]。Lu Chunming 证明了稳健的静息态功能连接(resting state functional connectivity,RSFC)图,不仅与定位器任务相关的激活结果一致,也与以前的 fMRI 成像结果一致。基于种子的相关分析和数据驱动的聚类分析之间的强一致性,进一步验证了使用 fNIRS 方法评估 RSFC 的有效性[143]。Zhang Han 将独立成分分析(independent component analysis,ICA)引入基于 fNIRS 静息态测量的 RSFC 检测中。证明了独立成分分析是在噪声水平较高的情况下具有更高的灵敏度和特异性[142]。

在实验结果稳定性方面,Geng Shujie 证明了 fNIRS 静息态光纤通道、节点效率和节点介数在光纤通道信号采集 1 min 后稳定并可再现,而网络聚类系数、局部和全局效率在 1 min 后稳定,在光纤通道信号采集 5 min 后仅局部和全局效率可再现[144]。Wang Jingyu 证明了 fNIRS 持续 7 min 后,可以准确、稳定地采集 fNIRS 静息态数据,而在较低的网络阈值下,准确、稳定的网络测量所需的扫描时间至少为 2.5 min[145]。

在融合多种脑成像实验仪器方面,Zhang Yujin 使用 fNIRS 和 EEG 同时记录了被试者在额叶、顶叶、颞叶和枕叶的多个区域的静止状态大脑波动。实验结果表明,额顶颞网络的振荡与一种脑电微状态的转换显示出显著相关性,证明了 fNIRS 用于基于 RSFC 动力学提取主导功能网络的可行性[146]。

2. fNIRS 静息态功能连接的临床应用

从临床试验开始,fNIRS 静息态功能连接最早作为 fMRI 的简易版替代用于区分临床病患与正常被试者之前的脑功能差异[147-149]。Frank A. Fishburn 检验了 fNIRS 对检测认知负荷引起的激活和功能连接的线性变化,以及从无任务静止状态向任务转换时的功能连接变化具有敏感性。证明了 fNIRS 对认知负荷和状态都很敏感,表明 fNIRS 非常适合探索神经影像研究问题,并将作为 fMRI 的一个可行的替代方案[129]。Niu Haijing 综述了基于 fNIRS 数据的 RS-FC 分析对于研究健康和患病人群的脑功能是有效和可靠的,从而为认知科学和临床提供了一个有前途的成像工具[149]。

赵佳介绍了 fNIRS 应用于脑功能检测的基本原理,并结合 fMRI 从多角度分析了 fNIRS 应用在静息态脑功能连接研究中的优势与可行性,重点介绍了脑功能连接的两种主要分析方法:种子相关分析和基于图论的静息态复杂脑网络分析,最后讨论了基于 fNIRS 的脑功能连接在认知障碍及相关疾病研究中的应用[150]。

Zhu Huilin 证明了 fNIRS 可以用来研究有或没有药物治疗的阿尔茨海默病患者前额叶皮层的自发血液动力学活动[148]。Hada Fong-ha Ieong 证明了应用 fNIRS 可以预测精神病学轨迹,并可能对慢性阿片类药物摄入引起的神经适应产生新的见解,研究结果表明,眼窝前额皮质与左额下回区域之间的功能连接与人类发展系统中的焦虑相关[151]。M. Atif Yaqub 证明了 fNIRS 的增加可以在临床上用于退行性脑疾病患者的神经康复[147]。Hu Zhishan 综述了脑连接体和 fNIRS 静息态成像的结合,为理解人脑从新生儿到儿童发育提供了一个有希望的框架[152]。

3. fNIRS 静息态功能连接的行业应用

(1)驾驶。王碧天使用虚拟驾驶器进行了驾驶任务实验,使用 fNIRS 同步测量了被试者静息态和任务态下的大脑活动情况。提出了一种用于 fNIRS 测量脑功能的表层生理信号滤除方法——自适应滤波去噪法,并设计虚拟驾驶任务实验对方法的有效性进行了证实[109]。霍聪聪利用 fNIRS 实时采集驾驶员在不同驾驶任务下大脑皮层主要功能区(前额叶、运动区和枕叶)的脑血氧信号,结果表明,不同负荷的驾驶任务会不同程度地增大驾驶员相应功能脑区的激活程度;驾驶任务与驾驶员前额叶与运动区和枕叶的激活相关;复杂的驾驶任务会导致驾驶员运动区之间以及前额叶与运动区之间的响应控制作用降低[113]。

（2）航海业。范诗琪利用 EEG 和 fNIRS 对船舶驾驶员心理因素开展了实验研究，通过构建情绪和工作负荷的识别模型，定量分析情绪和工作负荷与远洋船舶驾驶员人因失误、决策行为的关联性，研究发现，在决策阶段船舶驾驶员的脑功能连接更加高效，右背外侧前额叶皮层的活动增强以及大脑功能连接密度降低、聚类系数增强有助于船舶驾驶员的正确决策行为[126]。

（3）运动健康。David A. Raichlen 应用 fNIRS 试验了青年耐力运动员与健康对照者静息状态功能连接的差异，结果表明，额顶叶与工作记忆和其他执行功能有关的脑区（额叶皮层）之间的连接性增强，这表明耐力跑可能以增加相关网络连接性的方式强调执行认知功能；默认模式网络和与运动控制（中枢旁区）、体感功能（中枢后区）以及视觉联想能力（枕叶皮层）相关的区域之间存在明显的反相关关系；耐力跑经验的差异与大脑功能连接的差异有关；持续、重复的运动和导航技能的高强度有氧活动可能会对认知领域造成压力，从而导致大脑连接性的改变[153]。

4. fNIRS 静息态功能连接在认知功能领域的应用

近年来，越来越多的学者证明了 fNIRS 对于监控现实世界中的认知功能与认知状态非常有用。目前的研究主要涉及精神疲劳、认知负荷、注意力、工作记忆、警觉、人脑发育、焦虑、听觉、睡眠和语言等。

（1）精神负荷。Frigyes Samuel Racz 应用 fNIRS 和图论方法试验了休息状态和增加精神负荷期间的前额叶皮层的功能连接，结果表明，认知挑战增加了前额叶的功能连接，这表明功能连接在研究各种认知状态方面有很大的潜力[154]。Xu Liwei 应用 fNIRS 静息态试验了模拟驾驶任务，结果表明，精神疲劳对前额叶的认知功能会产生不良影响，且影响前额叶和运动区域的合作机制[108]。Kevin J. Verdière 应用 fNIRS 在模拟器中试验了飞行员在手动和自动两种情况下着陆的脑功能连接情况，结果表明，fNIRS 功能连接可以用于监控飞行员的精神状态[124]。

(2)注意力。Angela R. Harrivel 证明了 fNIRS 对于监控现实世界中的认知状态非常有用,可以明显区分选择性注意任务执行过程中的高水平和低水平任务参与者的状态[155]。Wang Mengjing 的实验表明,注意缺陷多动障碍患者表现出功能连接性和全局网络效率的显著下降,与健康对照组相比,注意缺陷多动障碍儿童的节点效率也有所改变,例如,视觉和背侧注意网络增加、躯体运动和默认模式网络减少;证明了基于纤维连接体 fNIRS 技术在多动症和其他神经系统疾病中的可行性和潜力[156]。Kathryn J. Devaney 评估了主动认知和休息期间冥想体验的注意力和默认模式网络,结果显示,在任务和静止状态下,冥想者的持续注意过程呈稳定性增加。有经验的冥想者的注意力和默认模式网络之间有更强的反关系,这与长期冥想练习对大脑健康的好处是一致的[157]。

(3)睡眠。Thien Nguyen 证明了 fNIRS 静息态功能连接有很大的潜力成为研究休息和睡眠状态下大脑连通性的主要工具,结果显示,在额叶、运动区、颞叶、躯体感觉和视觉区,闭眼状态下大脑功能连接较强,睁眼状态时大脑功能连接较弱[136]。Bu Lingguo 基于通过 fNIRS 测量的氧合血红蛋白浓度变化的小波相位相干性和小波振幅来评估睡眠质量差对低频神经振荡的影响。结果表明睡眠质量差会降低相位同步性,这可能导致样本人群的认知功能下降[158]。

(4)工作记忆。Sima Shirzadi 应用 N-back 实验检验了 3 种记忆负荷水平下的额叶功能连接情况。研究结果表明,与左利手被试者相比,右利手被试者在执行任务时更多地利用了右半球的侧化,而左撇子则表现出左半球的侧化或双侧半球的分布减少,这表明在不同半球的主导作用下,被试者的大脑连接是不同的。同时也证明了在进行与工作记忆相关的任务时,fNIRS 数据被认为适合于评估额叶大脑皮层不同区域之间的功能连接[159]。

(5)警觉。Chen Yuxuan 同时记录研究了静息健康受试者的 fNIRS 整体信号和 EEG 警觉性之间的关系。结果显示,EEG 警觉性措施和 fNIRS 全局信号振幅之间存在负的时间相关性;身体位置的因素明显影响了 $0.05 \sim 0.1$ Hz 频率的静息状态 fNIRS 信号;揭示了警觉作为一种神经生理因素可以调节神经纤维内反射的静息态动力学特性,这对于理解和处理神经纤维内反射信号中的噪声具有重要意义[160]。

(6)听觉。Juan San Juan 使用 fNIRS 发现了人耳鸣可导致听觉和邻近的非听觉皮层维持血流动力学活性。结果显示,与对照组相比,在声音刺激后,耳鸣者的大脑的连接性有不同程度的改变。在耳鸣者的大脑中,听觉和非听觉区域的连接性都有所增强,而对照组在声音刺激后的连接性则有所下降。在耳鸣时,听觉皮层与前颞部、前顶叶、颞部、枕颞部和枕部皮层之间的连接强度增加[161]。

(7)语言。Zhang Yujin 检验了静息态功能连接方法在语言系统中的适用性,并首次将静息态功能连接研究方法应用于高级且复杂的语言功能系统,其实验结果显示,左下额叶皮层和上颞叶皮层之间存在显著的静息态功能连接效应,这两个部分都与优势语言区有关,静息态功能连接图显示了语言系统的左侧化[162]。

(8)情绪。Michela Balconi 探讨了静息状态和人格成分(趋近人格和回避人格)在前额叶皮层对情绪线索反应中的作用,结果显示,静息态功能连接的测试结果可以用于预测不同人格,趋近人格被试者往往其大脑左侧皮质活动较为活跃,回避人格被试者往往表现出大脑右侧皮质活动的增加[163]。Yu Linlin 应用 fNIRS 实验证明了非情绪大脑区域的自我调节训练可以改善情绪调节,结果显示,自我训练明显增加了情绪调节网络和额叶网络内的静息态功能连接,以及情绪调节网络和杏仁核之间的静息态功能连接[164]。

5.基于 fNIRS 的支持向量机研究现状

近年来,SVM 作为一种新兴的、高效的、便捷的自动分类方法,越来越受到脑科学、医学、心理学和安全学科等交叉学科相关研究的关注和青睐。它在精神状态识别、病症判断等方面表现优秀。

(1)医学临床试验。杜炜龙使用 fNIRS 信号的时域和频域数据,提取了信号在不同频率上的小波包能量特征和 β 系数作为数据特征集,实现了抑郁症患者的自动识别,其识别准确率达 85% [165]。Mehrdad Dadgostar 使用 16 通道 fNIRS 系统收集的数据识别了精神分裂症患者,选择精神崩溃和情绪反应弱状态下的特征数据集,构建了精神分裂症识别模型,其准确率为87%[166]。Mohammadreza Abtahi 联合 fNIRS-EEG 脑监测和身体运动以识别帕金森病,使用融合 fNIRS 的含氧血红蛋白的平均变化,Theta、Alpha 和 Beta 波段的 EEG 功率谱密度,运动捕捉系统的加速矢量以及归一化的可穿戴传感器数据进行分类,其模型准确率在90%左右[167]。Zhu Yingying 使用静息状态 fNIRS 检测了大麻相关的认知障碍,构建了由基于滑动窗口的动态功能连接矩阵训练的循环神经网络模型,其准确率为90%[168]。So-Hyeon Yoo 应用 fNIRS 系统识别了工作记忆中的轻度认知障碍患者,将基于血流动力学反应的特征(平均值和斜率)作为分类输入数据集构建了 SVM 模型,其准确率为71.15%[169]。

(2)认知神经领域。Rateb Katmah 使用 fNIRS 功能连接的特征识别了精神压力,使用部分定向相干性分析了 fNIRS 信号,以估计压力下大脑区域之间的有效连接网络,其模型准确率为99.93%[170]。Srinidhi Parshi 使用前额叶 fNIRS 功能连接的特征识别了三种不同 N-back 实验下的精神负荷,其模型准确率为87.5%[171]。

(3)驾驶行业。Rayyan A. Khan 使用 fNIRS 检测了驾驶员的嗜睡情况,并提取不同状态下被试者背外侧前额叶 fNIRS 信号的平均值和斜率值作为分类的特征,应用 SVM 和线性判别分析对数据进行测试和训练,其模型分类准确率为$(74.3±2.5)\%$[112]。Wang Hongtao 结合 EEG 相位同步的功能连通性进行了汽车驾驶员疲劳识别,提取了20名驾驶员前额叶的网络属性和关键连接,利用 β 频段中的判别连接特征作为输入特征集进行了疲劳变化分类,其模型准确率为96.76%[172]。

1.2.4 研究评述

(1)煤矿工人的不安全行为/人因失误的研究方法目前仅限于事故分析、统计分析、问卷调查、模型分析、专家打分、仿真分析等实证方法和生理实验、图片和视频行为识别等实验方法。但为了进一步探究煤矿工人情景意识的内在机制,深入了解不安全行为/人因失误的发生机制,不仅需要明确个体的身体、生理状态,还需要监测煤矿工人在不同条件下的大脑认知状态。

(2)作为我国安全科学与工程学科"十四五"发展中应促进的重要前沿方向——基于脑科学的人员风险行为感知与预警的重要内容,煤矿工人情景意识的内在认知神经机制研究势在必行。作为一种更加客观、科学、有效的方法,脑科学实验方法有必要被引入,以进一步探究不同条件下煤矿工人的情景意识,明晰煤矿工人不安全行为/人因失误发生的内在机制。认知功能涉及的工作记忆、决策、注意力、计划、问题解决和抑制控制等是个体情景意识能力的神经生理表现;疲劳、注意力分散、认知负荷、精神负荷、睡眠剥夺和困倦等个体身体/精神限制是个体认知功能的重要影响因素,是个体情景意识的外在表现,同时也是不安全行为/人因失误的重要前提条件。因此,在特定时间和空间下应用脑影像方法进一步了解煤矿工人情景意识的内在机制尤为重要。

(3)作为一种前沿的、新兴的、客观的研究方法,fNIRS在汽车驾驶安全、建筑安全和航空安全等领域已经涌现出一批优秀的研究成果。其安全、舒适、安静和便携的操作特点和较高的生态效度,适用于进一步探究煤矿工人情景意识的内在认知神经机制,且契合安全学科与脑科学、神经认知科学多学科交叉融合的发展需求。

(4)fNIRS静息态功能连接是一种科学、高效的大脑功能连接研究方法,借助它,研究人员在精神疲劳、认知负荷、注意力、工作记忆、警觉、人脑发育、焦虑、听觉、睡眠和语言等认知功能领域产生了大量的优秀研究结果。融合fNIRS的支持向量机分类器作为一种新兴的、高效的、便捷的自动分类方法,在精神状态识别、病症判断等方面表现优秀,为进一步探究煤矿工人情景意识的内在认知神经机制提供了有价值的参考。

1.3 研究目标与研究内容

1.3.1 研究目标

(1)构建安全科学与认知神经科学交叉视域下的煤矿工人情景意识全

要素模型。

(2)明确有无人因失误倾向的煤矿工人是否存在脑功能连接差异。

(3)探究早班、午班、夜班三班轮班煤矿工人岗前岗后的脑功能连接差异。

(4)构建四种条件下煤矿工人情景意识 SVM 分类识别模型。

模型 1:煤矿工人人因失误倾向者情景意识识别模型。

模型 2:早班煤矿工人岗前岗后情景意识识别模型。

模型 3:午班煤矿工人岗前岗后情景意识识别模型。

模型 4:夜班煤矿工人岗前岗后情景意识识别模型。

1.3.2 研究内容

以煤矿工人脑认知功能连接为研究对象,从 fNIRS 静息态功能连接实验入手,对煤矿工人人因失误倾向者和早班、午班、夜班煤矿工人岗前岗后的脑功能连接特征进行提取,并对不同条件下煤矿工人的情景意识进行分类识别研究,打开安全科学与认知神经科学交叉融合的窗口,力图揭示煤矿工人人因失误倾向者和早班、午班、夜班三班轮班煤矿工人岗前岗后状态是否利于安全的内在认知神经机制,为进一步加强煤矿安全管理,实现精准、科学的煤矿工人岗前精神状态检测和安全管理提供理论指导与技术支持。主要研究内容如下:

(1)煤矿工人情景意识、认知功能与不安全行为/人因失误关系的理论研究。通过对煤矿工人不安全行为/人因失误、认知功能与安全行为相关领域文献的整理、归纳,构建安全科学与认知神经科学视域下的煤矿工人情景意识-认知功能-不安全行为/人因失误的理论分析框架。

(2)煤矿工人人因失误倾向者脑功能连接特征数据采集与定量分析。基于 fNIRS 脑影像系统,研究煤矿工人人因失误倾向者脑功能连接的数据采集与标定量化方法。利用认知神经科学研究方法,进行 fNIRS 静息态功能连接实验,分别提取发生过不安全行为和未发生过不安全行为的煤矿工人的脑功能特征,明确煤矿工人人因失误倾向者脑功能连接与一般煤矿工人的差异。

(3)早班、午班、夜班三班轮班煤矿工人岗前岗后的脑功能连接数据采集与定量分析。基于 fNIRS 脑影像系统,研究早班、午班、夜班三班轮班煤矿工人岗前岗后的脑功能连接的数据采集与标定量化方法。结合安全科学和创新应用认知神经科学的研究方法,进行 fNIRS 静息态功能连接实验,分别提取早班、午班、夜班三班轮班煤矿工人岗前岗后的脑功能特征,明确早班、午班、夜班三班轮班煤矿工人岗前岗后的脑功能连接的差异,揭示差异背后的神经安全学机制。

(4)煤矿工人情景意识 SVM 分类识别研究。基于本书采集的煤矿工人的脑功能连接数据,分别对煤矿工人人因失误倾向者和早班、午班、夜班三班轮班煤矿工人岗前岗后的大脑功能连接网络进行分类识别。应用机器学习算法,使用 SVM 分类器构建四个分类识别模型,对煤矿工人人因失误倾向者、早班煤矿工人岗前岗后、午班煤矿工人岗前岗后和夜班煤矿工人岗前岗后的大脑功能连接进行检测。

1.4 技术路线与章节安排

1.4.1 技术路线

本书的技术路线图如图 1.1 所示。

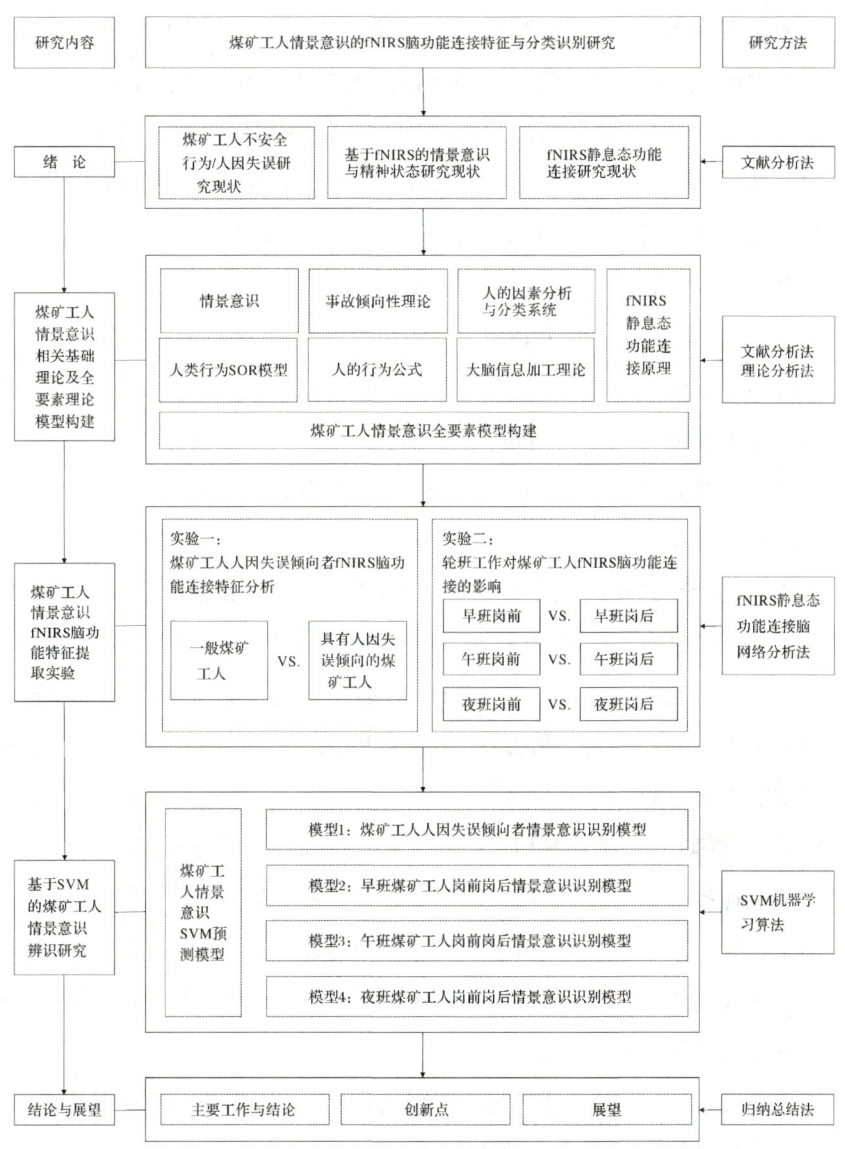

图 1.1 技术路线图

1.4.2 章节安排

根据本研究的研究内容和技术路线,本书共分为六章,具体章节内容安排如下。

第1章,绪论。主要介绍本研究的研究背景,分析煤矿工人不安全行为/人因失误的研究现状,归纳目前基于fNIRS的情景意识和精神状态研究的应用行业及研究现状,总结fNIRS静息态功能连接的应用行业及研究现状。

第2章,介绍相关理论基础及构建理论分析框架。归纳总结情景意识、事故倾向性理论、人的因素分析与分类系统、人类行为SOR模型、人的行为公式、大脑信息加工理论及fNIRS相关理论基础。构建煤矿工人情景意识、认知功能与不安全行为/人因失误关系理论分析框架。

第3章,实验一:人因失误倾向煤矿工人脑功能连接特征分析。基于fNIRS脑影像系统开展静息态实验数据采集,运用认知神经科学的研究方法,提取煤矿工人人因失误倾向者的脑功能连接特征。运用皮尔逊相关系数和基于图论的脑网络分析方法,明确煤矿工人人因失误倾向者与一般煤矿工人的脑功能连接差异。

第4章,实验二:轮班工作对煤矿工人脑功能连接的影响。基于fNIRS脑影像系统开展静息态实验数据采集,运用认知神经科学的研究方法,分别提取早班、午班、夜班轮班煤矿工人岗前岗后的脑功能连接特征。应用皮尔逊相关系数和基于图论的脑网络分析方法,明确早班、午班、夜班轮班煤矿工人岗前岗后的脑功能连接差异。

第5章,煤矿工人情景意识SVM分类识别模型。优选实验一和实验二的静息态功能连接数据特征,运用机器学习算法,使用SVM分类器构建四个煤矿工人情景意识分类识别模型,分别对煤矿工人人因失误倾向者的情景意识、早班煤矿工人岗前岗后的情景意识、午班煤矿工人岗前岗后的情景意识和夜班煤矿工人岗前岗后的情景意识进行检测。

第6章,结论与展望。总结主要研究工作与成果,阐述本研究的创新点,并指出本研究的局限性以及未来的研究方向。

2 煤矿工人情景意识相关基础理论及全要素理论模型构建

2.1 煤矿工人情景意识与不安全行为/人因失误相关基础理论分析

2.1.1 情景意识

1. 情景意识的定义

情景意识(situation awareness,SA),也称态势感知。SA 的概念最早出现在航空业,目前国际上公认的定义是由美国安全专家 Endsley M. R. 于 1988 年在人因学协会年会上提出的。她认为,SA 是指在一定的时间和空间内个体对环境元素的感知、理解和预测[16]。

目前,学者们对于 SA 的普遍共识为,个体 SA 是影响决策质量和作业绩效的关键因素,当个体 SA 降低或失去 SA 时,将会难以完成复杂的认知任务进而引发不安全行为、人因失误,从而导致事故的发生[173]。

2. 情景意识三层模型理论

Endsley M. R. 把 SA 分为感知、理解和预测三层,如图 2.1 所示。

在该模型中,每一层都是下一层的基础。因此,个体对当前情景中的成分的感知即为个体在当前时间和空间内 SA 的基础,为后续的决策和行为提供主要依据。信息感知可以通过视觉、听觉、触觉、味觉等完成。如若由于个体身体或精神原因影响了个体的感知能力,导致感知发生偏差或感知错误,其个体 SA 将受影响或降低,进而引发不安全行为或人因失误。由此可知,识别、检测个体精神/身体状态对于减少复杂操作中的不安全行为或人因失误尤为重要。

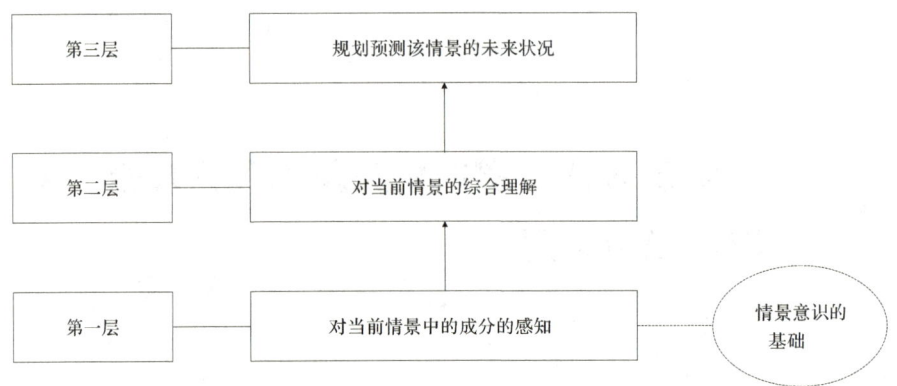

图 2.1 情景意识的三层模型

3. 动态决策情景意识模型

Endsley M. R. 于 2000 年提出,个体对环境中有关成分的感知是形成 SA 的基础,个体 SA 是一个动态变化的过程,在特定时间和空间的限定下,个体基于 SA 产生相应的决策进而执行动作[174]。

如图 2.2 所示,SA 受个体能力、经验和训练的影响;此外,个体的计划、目标也可能改变个体对环境因素的感知;环境中的其他因素,如个体工作负荷、压力等精神状态对 SA 也有重要的影响。

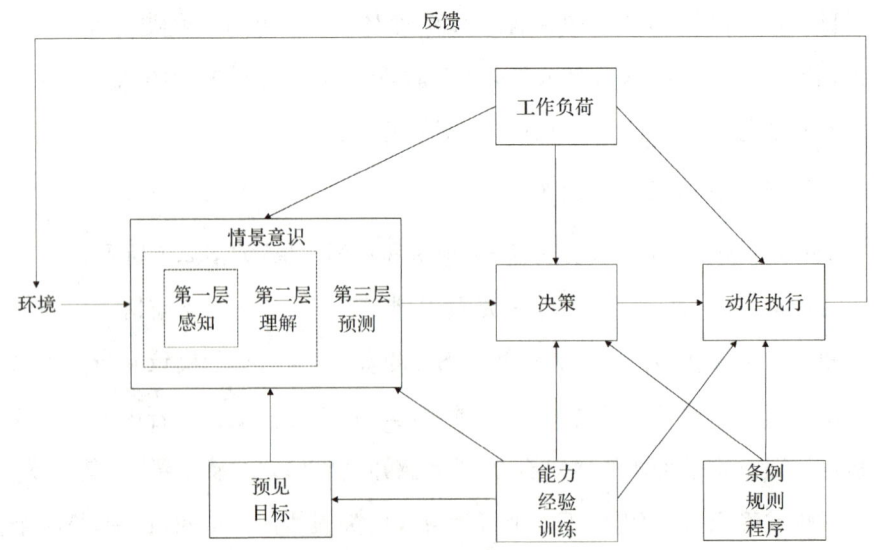

图 2.2 动态决策情景意识模型

2.1.2 事故倾向性理论

事故倾向性(accident proneness, AP)的概念出现在 20 世纪初,当时的研究人员发现,工业事故频率的统计模型在个体事故倾向上存在差异,从而产生了事故倾向性的概念。Major Greenwood 和 Hilda M. Woods 于 1919 年提出,个人的特质和不安全行为是造成事故的原因[175]。有研究表明,这些特征导致容易发生事故的人会比不容易发生事故的人发生更多的事故[176]。

近年来,学者们已经相继证明,事故倾向性确实是一种个体性格特征。例如,Jan Neeleman 发现,青少年和弱势群体更容易引发事故[177]。Ellen Visser 指出男性比女性更容易发生事故[178]。Andrea J. Day 发现压力过大的人更有可能在工作场所发生意外事故[179]。英国海事海岸警卫队机构指出,工作压力会引发注意力的丧失、记忆问题和反应减慢而导致疲劳,进而导致不安全行为或人因失误[179]。

由于个体的性格特征对个体对于环境的感知、理解和预测都具有很大的影响,因此本研究认为,良好的个体性格特征是个体具备良好 SA 的重要前提条件。

2.1.3 人的因素分析与分类系统

Scott A. Shappell 提出人的因素分析与分类系统(human factors analysis and classification system, HFACS),其中不安全行为的前提条件中一个很重要的个人因素就是操作者的状态,如表 2.1 所示[180-181]。

表 2.1 HFACS 的 4 个水平

水平	影响因素	涉及的人因因素
1	组织因素	管理过程漏洞、管理文化缺失和资源管理不到位
2	不安全行为的监督	监督不充分、运行计划不恰当、没有发现并纠正问题和违规监督
3	不安全行为的前提条件	人员因素(员工资源管理、个人准备状态)、操作者状态(精神状态,生理状态,身体、智力局限)和环境因素(物理环境和技术环境)
4	不安全行为	差错(技能差错、决策差错和认知差错)和违规

注:在该框架内,操作员的状况包括不良心理状态、不良生理状态和身体/精神限制。

具体来讲,操作者的状态包括不利的精神状态(例如,注意力分散、精神疲劳、丧失情景意识)、不利的生理状态(例如,受损的生理状态、医疗疾病、身体疲劳)和身体/精神限制(例如,反应时间不足、视觉限制、身体能力不相容)[182]。

Jessica M. Patterson 于 2010 年对原有的航空业 HFACS 框架进行了修改,针对采矿业开发了一个新的采矿业人的因素分析与分类系统框架,如图 2.3 所示[12]。

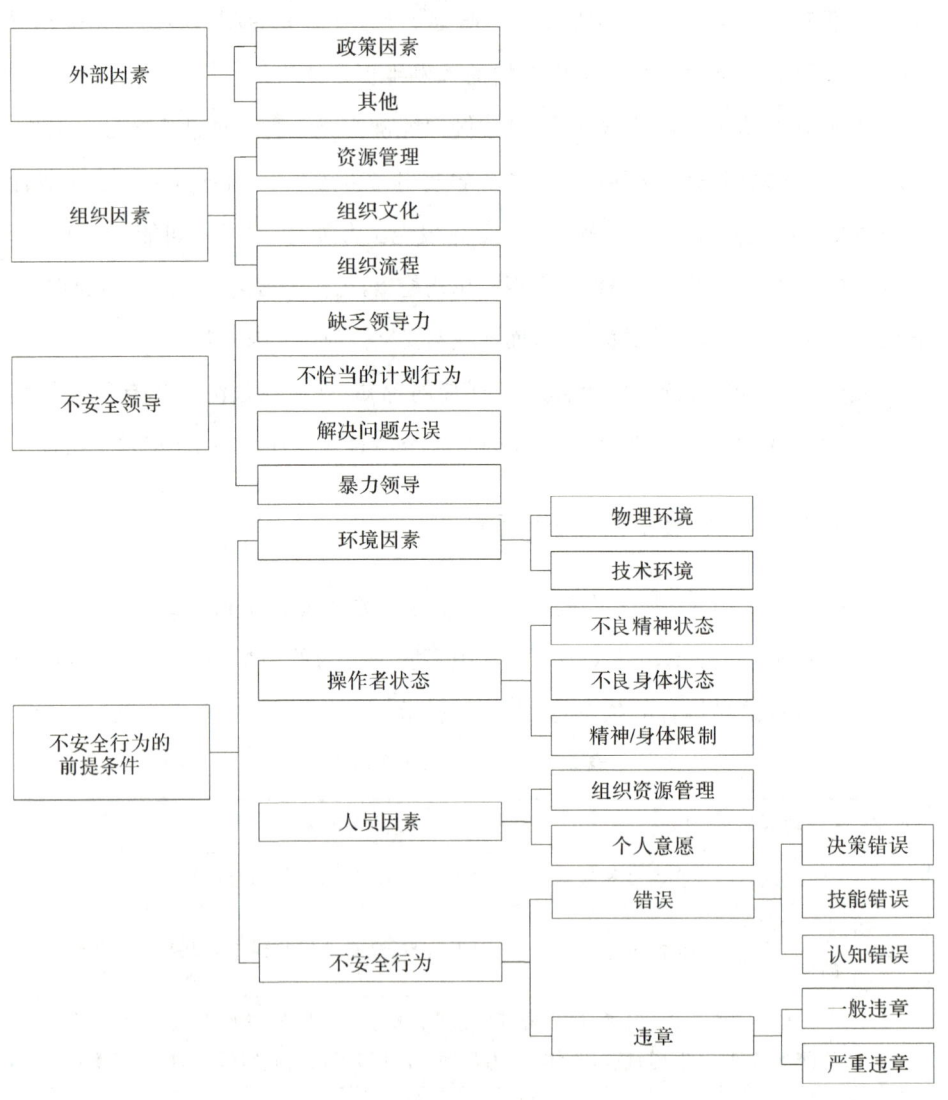

图 2.3　采矿业人的因素分析与分类系统

(1)不良心理状态:对绩效有负面影响的急性心理和精神状况,如精神疲劳、有害态度和不当动机。

(2)不良生理状态:急性医学和/或生理状况,影响了安全操作,如疾病、中毒和已知影响性能的药理学和医学异常。

(3)身体/精神限制:永久性的身体/精神残疾,可能对表现产生不利影响,如视力差、缺乏体力、智力水平低、缺乏常识以及患有各种其他慢性精神疾病[12]。

当个体处于不良心理状态、不良生理状态和身体/精神限制时,个体对环境的感知、理解和预测将会失误或者失效,由此本书认为,个体不良心理状态、不良生理状态和身体/精神限制是个体 SA 的重要影响因素。

2.1.4 人类行为 SOR 模型

在认知心理学中,人类行为的一般模式为 SOR 模式,即"刺激(stimulus)-个体肌体(organism)-反应(response)"[183]。如图 2.4 所示,环境信息刺激为输入层,大脑为心理加工系统,行为为输出层。

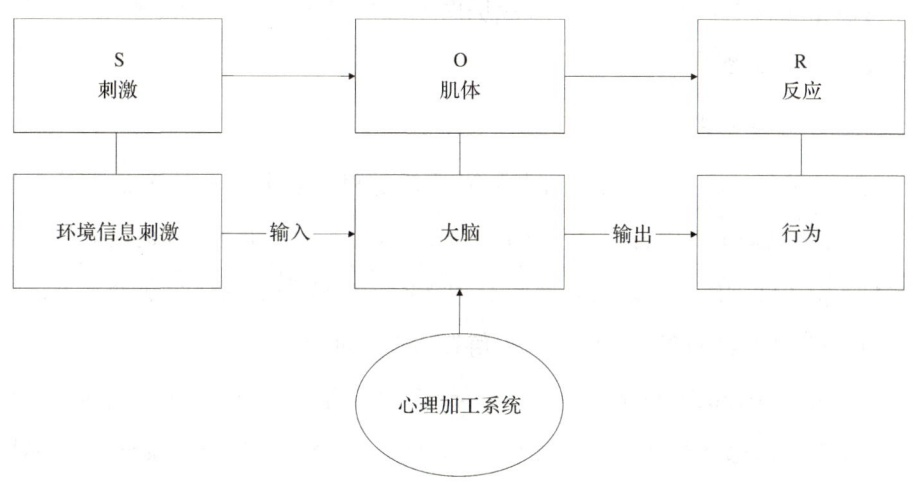

图 2.4 认知心理学 SOR 模型

当个体对环境信息刺激感知失误或失效时,即个体 SA 失效或降低时,大脑就无法做出正确的信息加工,进而产生不安全行为或人因失误。

2.1.5 人的行为公式

美国心理学家 Kurt Lewin 于 1946 年提出人的行为公式（behavior formula）[184]：

$$B = f(P,E) \tag{2.1}$$

其中，B 为行为（behavior），f 为函数（formula），P 为个体人（person），E 为环境（environment）。该公式表明，个体的行为是人（个体和群体）及环境因素（社会环境和物理环境）双重作用的结果。

在特定时间和空间下，个体、群体、社会环境和物理环境任一因素发生不利于个体行为的变化时，个体 SA 就有可能受损或降低，进而引发不安全行为或人因失误。

2.1.6 大脑信息加工理论

认知神经科学旨在将人的认知过程与其神经基础联系起来，致力于研究认知功能在人脑中的实现，即在脑神经层面上研究知觉、注意、记忆、计划、语言和意识等认知功能[185-186]。

1. 信息加工理论

人类的行为决定于人脑，而人脑的活动过程本质上就是一个信息处理过程[186]。信息加工理论将计算机运作原理作为人类的认知模型，是认知神经科学和认知心理学的基础理论。认知心理学的实质就是研究认知活动本身的结构和过程，并且把心理过程看作一个信息加工的过程。

Allen Newell 和 Herbert A. Simon 于 1956 年提出，人与计算机的信息加工系统都是由感受器（receptor）、效应器（effector）、加工器（processor）和存储器（memory）组成的[187]。

如图 2.5 所示,感受器接收外界环境信息,即个体感知;效应器做出反应,即个体行为输出;信息加工系统以符号结构来表示信息的输入和输出,大脑记忆用来储存和提取符号结构,即个体大脑是信息加工和信息储存的心理加工系统[188]。

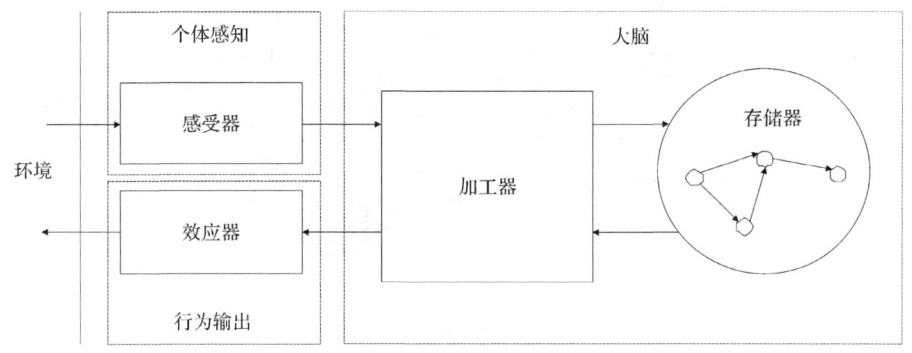

图 2.5 信息加工的一般结构

当个体对环境信息感知失误或失效时,即个体 SA 降低或失效时,加工器就无法正常运转,即大脑无法正确地进行信息加工与信息存储,进而产生不安全行为或人因失误。

2. 大脑分区

作为人体的一个重要器官,大脑是人类中枢神经系统的最高级部分,它支配和控制着人类的一切生命活动。大脑皮层是人的意识发生、编码、储存、输出和输入的地方,为高级认知活动的活跃区[189]。根据不同的脑功能分区,解剖学上把大脑皮层分为四个脑叶:额叶(frontal lobe)、顶叶(parietal lobe)、枕叶(occipital lobe)和颞叶(temporal lobe)(见图 2.6)。其中,额叶包括前额叶皮层和背部额叶。背部额叶负责初级运动加工,而前额叶皮层控制高级认知过程。顶叶掌控着某些知觉功能,枕叶与视觉相关,颞叶与听觉相关。

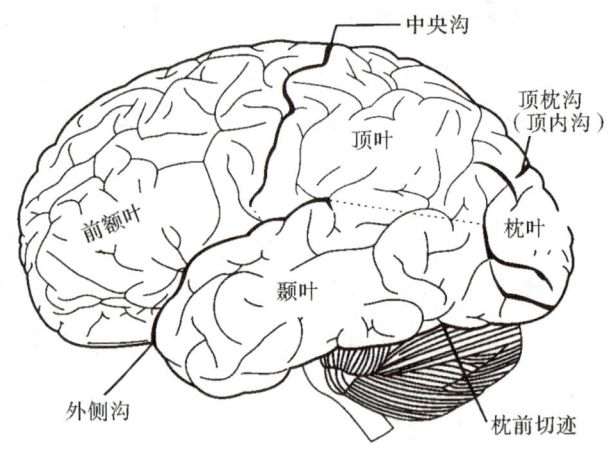

图 2.6 大脑皮质的解剖学分区侧视图[189]

布罗德曼分区(Brodmann area,BA)是指 Korbinian Brodmann 于 1909 年根据细胞类型的不同,将大脑皮质分为 52 个不同的脑区,对应不同的认知功能(图 2.7)。但事实上,大脑的认知功能区划分并不是绝对的,很多较为复杂的认知功能(如基于认知的意识和思维等)是在不同脑区的共同作用下而实现的[190]。

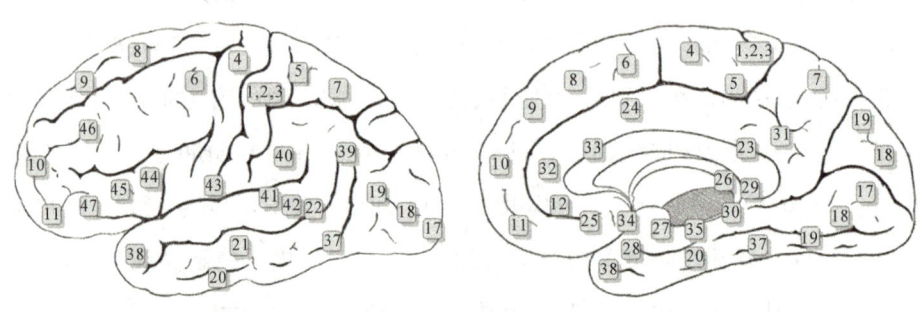

(a)大脑半球外侧面的布罗德曼分区　　(b)大脑半球内侧面的布罗德曼分区

图 2.7 布罗德曼分区系统[190]

3. 认知功能与前额叶皮层

认知功能(cognitive function)是大脑反映客观事物的特征、状态及其相互联系,并揭示事物对人的意义与作用的判断能力,是一种高级心理功能[191]。认知功能包含了感觉、知觉和认识等过程,主要包括知觉、注意、记忆、动作、语言、思维、决策、意识、动机、情感过程等[192]。

额叶皮层是人类大脑区别于其他动物的重要脑区,其面积占大脑总皮层的29%,涉及执行控制、冲突监控、情绪和工作记忆等高级认知功能[23,192]。其中,前额叶皮层(prefrontal cortex,PFC)是额叶皮层的重要组成部分,是许多高级认知功能的关键脑区,在心理定势转换、抑制、信息更新、工作记忆、反应监测和时间编码等功能中起着关键性的作用[193]。

如图 2.8 所示,人类前额叶皮层的功能分区主要包括背外侧前额叶(dorsolateral prefrontal cortex,dlPFC)、背内侧前额叶(dorsomedial prefrontal cortex,dmPFC)、腹内侧前额叶(ventromedial prefrontal cortex,vmPFC)和眶前额叶皮质(orbitofrontal cortex,OFC)。

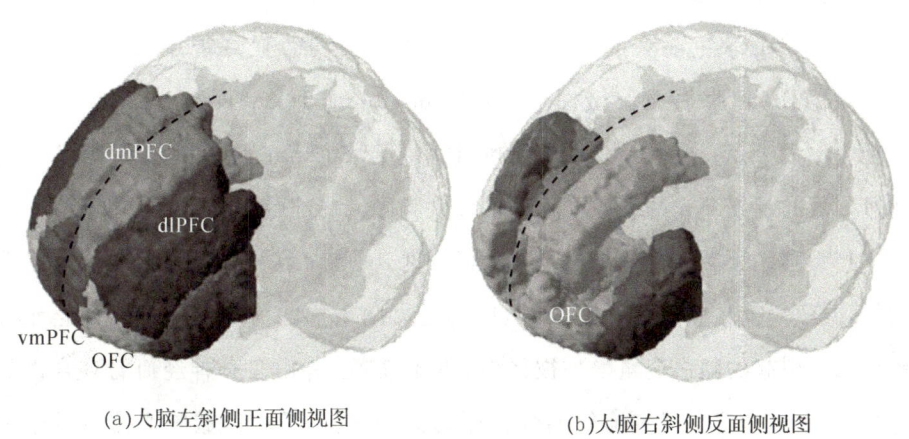

(a)大脑左斜侧正面侧视图　　　　(b)大脑右斜侧反面侧视图

图 2.8　人类前额叶皮层的功能分区[22]

近代认知神经科学研究表明,当人类前额叶受损或发生变化后,其认知功能呈下降趋势,导致 SA 下降或者失效,进而可能引发人因失误/不安全行为。由此,可以认为个体认知功能是特定时间和空间下个体 SA 的神经生理表现。

工作记忆方面,当人类的前额叶发生病变后,将难以完成自我排序的工作记忆任务[194]。在决策方面,前额叶的损伤被证明与冲动性决策和冒险行为相关[195]。在注意力方面,单侧的 PFC 病变会导致自上而下的注意力和记忆缺陷[196]。其中,背外侧前额叶的损伤会导致注意力分散[197]。与年龄匹配的对照组相比,背外侧前额叶损伤患者对意外、新奇刺激的反应振幅显著降低[198]。在计划和问题解决方面,当背外侧前额叶受损时,人们经常忽略或坚持行动,或以错误的顺序执行行动[199]。在抑制控制方面,有证据表明腹外侧前额叶受损可能会降低反应抑制能力从而产生判断错误[195]。

2.1.7 fNIRS 静息态功能连接原理

1. fNIRS 脑成像系统原理

近年来,作为一种前沿的、可靠的监测大脑功能活动的脑影像工具,fNIRS 受到了越来越多的行业和研究者的关注。fNIRS 可以无创地检测大脑皮质表面氧合血红蛋白和脱氧血红蛋白浓度的相对变化。在近红外光学窗口内(700～900 nm),fNIRS 主要测量血红蛋白的变化,包括氧合血红蛋白(oxyhemoglobin,oxy-Hb)和脱氧血红蛋白(deoxyhemoglobin,deoxy-Hb)。其中,oxy-Hb 的吸收率大于 800 nm,deoxy-Hb 的吸收率小于 800 nm[200]。由此,fNIRS 可以通过测量的近红外光的衰减变化来估计大脑区域局部脑血流量的变化。

当大脑区域活跃并参与执行某项任务时,大脑对氧气和葡萄糖的代谢需求增加,导致局部脑血流量供过于求,以满足大脑增加的代谢需求。因神经元活动增加而引起的脑血流量增加被称为功能性充血,并由多种神经血管耦合机制介导,如毛细血管直径和血管活性代谢物的变化。此时,区域脑血流供过于求导致 oxy-Hb 增加,deoxy-Hb 浓度降低。当刺激发生时,oxy-Hb 的增加伴随着 deoxy-Hb 的减少反映了局部动脉血管扩张的增加,这增加了脑血流量和与脑血容量密切相关的总血红蛋白(total hemoglobin, total-Hb)。

应用修正后的比尔-朗伯定律(modified Beer-Lambert law,MBLL),fNIRS 可以根据光源和探测器的光强信号计算出血红蛋白浓度[201-202]。

$$OD = \varepsilon \cdot C \cdot DPF \cdot L + G \tag{2.2}$$

其中,OD 为光衰减量;C 为吸光物质浓度;ε 为消光系数;L 为光源与探测器之间的直线距离(一般为 3 cm);DPF 为路径长度修正因子,表示由于散射效应而增加的路径长度的倍数;G 表示除 oxy-Hb 与 deoxy-Hb 引起的光强衰减外,其他因素引起的光强衰减的总和。

由于颅骨、脑脊液等物质对近红外光的吸收量相对稳定,可假设 G 在实验观测时间内不变。由此 OD 的相对变化量为

$$\Delta \text{OD} = \varepsilon \cdot C \cdot \text{DPF} \cdot L \tag{2.3}$$

设 fNIRS 设备的入射光强恒定且波长为 λ,选择实验刺激前某一时间点 t_0 的出射光强为基线,Δt 时间后在 t_1 时刻出射光强的相对变化为

$$\Delta \text{OD}_{(\Delta t, \lambda)} = -\lg\left(\frac{I_{(t_1, \lambda)}}{I_{(t_0, \lambda)}}\right) \tag{2.4}$$

计算两种不同波长近红外光的相对衰减量与 oxy-Hb 和 deoxy-Hb 变化量之间的关系:

$$\Delta \text{OD}_{(\Delta t, \lambda_1)} = (\varepsilon_{\text{oxy-Hb}, \lambda_1} \cdot \Delta \text{oxy-Hb} + \varepsilon_{\text{deoxy-Hb}, \lambda_1} \cdot \Delta \text{deoxy-Hb}) \cdot \text{DPF}_{(\lambda_1)} \cdot L$$

$$\Delta \text{OD}_{(\Delta t, \lambda_2)} = (\varepsilon_{\text{oxy-Hb}, \lambda_2} \cdot \Delta \text{oxy-Hb} + \varepsilon_{\text{deoxy-Hb}, \lambda_2} \cdot \Delta \text{deoxy-Hb}) \cdot \text{DPF}_{(\lambda_2)} \cdot L$$

$$\tag{2.5}$$

计算任意时刻 oxy-Hb 和 deoxy-Hb 浓度变化的相对值:

$$\begin{bmatrix} \Delta \text{deoxy-Hb} \\ \Delta \text{oxy-Hb} \end{bmatrix} = (L)^{-1} \begin{bmatrix} \varepsilon_{\text{oxy-Hb}, \lambda_1} & \varepsilon_{\text{deoxy-Hb}, \lambda_1} \\ \varepsilon_{\text{oxy-Hb}, \lambda_2} & \varepsilon_{\text{deoxy-Hb}, \lambda_2} \end{bmatrix}^{-1} \begin{bmatrix} \Delta \text{OD}_{(\Delta t, \lambda_1)} / \text{DPF}_{(\lambda_1)} \\ \Delta \text{OD}_{(\Delta t, \lambda_2)} / \text{DPF}_{(\lambda_2)} \end{bmatrix} \tag{2.6}$$

计算 total-Hb 的相对变化值:

$$\Delta \text{total-Hb} = \Delta \text{oxy-Hb} + \Delta \text{deoxy-Hb} \tag{2.7}$$

2. fNIRS 脑成像系统的优势

目前,常见的脑成像技术主要包括脑电图(electroencephalography,EEG)、功能磁共振成像(functional magnetic resonance imaging,fMRI)和功能近红外(functional near-infrared spectroscopy,fNIRS)。其中,EEG 属于神经电技术,fMRI 和 fNIRS 则属于血液动力技术。表 2.2 总结了上述三种脑成像技术的优缺点。

表 2.2　fMRI、EEG 和 fNIRS 的优缺点对比

脑成像技术	fMRI	EEG	fNIRS
空间分辨率	优	差	中
时间分辨率	差	优	中
身体运动限制	差	中	优
连续、长期测量	差	中	优
应用成本	差	优	优

与 fMRI 相比,fNIRS 可以以更经济、更具成本效益、更舒适、更安全、更安静和更便携的方式进行操作,其生态有效性更高[152,203-206]。此外,fNIRS 测量 oxy-Hb 和 deoxy-Hb 的浓度变化时,fNIRS 的时间分辨率比 fMRI 高得多,但 fMRI 可以提供更多关于大脑中神经血管变化的信息[152]。因此,fNIRS 可以被视为一种有效且有前途的脑成像方法,用于研究并应用于解决社会问题,如社会安全、儿童发展、体育科学[24,104,144,152,156]。

3. fNIRS 静息态功能连接

静息态功能连接(resting state functional connectivity,RSFC)是指在不同的大脑系统中空间远程自发神经活动的同步[150]。RSFC 在休息或睡眠期间表现为缓慢的自发振荡(<0.1 Hz,也称为低频波动),最初是通过 fMRI 在典型大脑中发现的[207]。与任务相关反应相比,RSFC 反映了大脑的基线、自发和本能活动以及功能网络[148]。静息态反映了神经元群体之间的相互作用,RSFC 图中自发活动的相关结构可以为了解人类大脑的内在功能结构提供依据[143]。

与其他非侵入性功能性脑成像技术相比,fNIRS 在评估 RSFC 时具有以下几个重要特征。

(1)与 EEG 和 fMRI 相比,fNIRS 在头皮部位测量的血红蛋白浓度水平仅

代表探头正下方的局部大脑活动[208]。

(2)与脑电图/脑磁图相比,fNIRS 相对较高的空间分辨率(约 1~2 cm)使其能够成功地将信号与附近测量的大脑区域区分开来,从而避免了由 EEG 或 fMRI 引起的虚假相关性[209]。

(3)fNIRS 是便携式的、无声的,成本相对较低,易于操作,对受试者的限制较少,与黑色金属兼容,并允许长时间连续测量和短时间间隔内的重复测量。这有助于 fNIRS 的 RSFC 应用于几乎所有的人类受试者,例如婴儿、各种卧床患者和特殊场景人群等[142,210-211]。

(4)除了 deoxy-Hb 信号,fNIRS 还可以表征 oxy-Hb 的浓度变化,因此与 fMRI 相比,还提供了关于代谢变化的额外信息[143]。

(5)fNIRS 具有比 fMRI 更高的时间采样速率(10 Hz),这进一步防止了更高频率的心脏(0.8~2.5 Hz)或呼吸(0.15~0.3 Hz)活动混叠到线性调频信号中,从而产生更可靠的 RSFC 估计[143]。

4. 静息态功能连接分析指标

RSFC 的常见分析指标包括皮尔逊相关系数(correlation,COR)、相干性(coherence,COH)和相位锁定值(phase-locking value,PLV)。其中,COR 是最常用的指标[117,212-213]。

(1)皮尔逊相关系数。COR 用于描述时域信号和两个通道之间的线性相关性。一般假设两个信号没有延迟。对于均值为 0、方差为 1 的信号,COR 可定义为

$$COR_{xy} = \frac{1}{N}\sum_{k=1}^{N} x(k)y(k) \qquad (2.8)$$

COR 的取值范围为[-1,1]。如果两个信号完全负线性相关,则值为 -1;如果两个信号是完全正线性相关的,则值为 1;如果两个信号之间没有线性相关(可能存在非线性相关),则值为 0。

(2)相干性。描述在频率 f 时,两个信号 $x(t)$ 和 $y(t)$ 的线性相关关系。相干(COH)是相干函数(K)模的平方。

$$K_{xy}(f) = \frac{S_{xy}(f)}{\sqrt{S_{xx}(f)S_{yy}(f)}} \qquad (2.9)$$

$$\text{COH} = k^2(f) = |K_{xy}(f)|^2 = \frac{|S_{xy}(f)|^2}{S_{xx}(f)S_{yy}(f)} \qquad (2.10)$$

其中，$S_{xy}(f)$ 是在频率 f 时，x 和 y 两个信号的交叉功率谱密度（即协方差）；$S_{xx}(f)$ 和 $S_{yy}(f)$ 分别是在频率 f 时，x 和 y 两个信号的功率谱。COH 又被称为"频域的相关"。计算 COH 时需要首先利用快速傅里叶变换（fast Fourier transform，FFT）等方法将时域数据转换到频域。

COH 的取值范围为 $[0,1]$。在频率 f，两个信号不存在线性相关，则 $\text{COH}_{xy}(f) = 0$；在频率 f，两个信号完全相关，则 $\text{COH}_{xy}(f) = 1$。

（3）相位锁定值。相位同步（phase synchronization，PS）指的是两个相互耦合的神经振荡活动的相位同步化（即两个活动的相位差不随着时间的变化而变化，有一个固定值）。PS 的优点是（理论上）与两个神经振荡活动（x 和 y）的波幅无关，而只与相位有关。

在计算两个信号的相位同步化之前需要完成如下操作。

① 对信号进行带通滤波（如 0.01~0.1 Hz）。

② 对滤波得到的 $x(t)$ 和 $y(t)$ 两个信号进行希尔伯特变换（Hilbert transform）：

$$x_H(t) = \frac{1}{\pi} P \cdot V \int_{-\infty}^{\infty} \frac{x(\tau)}{t-\tau} \mathrm{d}\tau \qquad (2.11)$$

③ 依据上述变换得到 $x(t)$ 和 $y(t)$ 的解析信号：

$$x_{an}(t) = x(t) + ix_H(t) = A_x(t)\mathrm{e}^{i\phi_x(t)} \qquad (2.12)$$

$$y_{an}(t) = x(t) + iy_H(t) = A_y(t)\mathrm{e}^{i\phi_y(t)} \qquad (2.13)$$

其中，

$$A_x(t) = \sqrt{x_H^2(t) + x^2(t)} \qquad (2.14)$$

$$\phi_x(t) = \arctan \frac{x_H(t)}{x(t)} \qquad (2.15)$$

$$\text{PLV} = |\mathrm{e}^{i\Delta\phi_{rel}(t)}| = \left|\frac{1}{N}\sum_{n=1}^{N}\mathrm{e}^{i\Delta\phi_{rel}(t)}\right| \qquad (2.16)$$

$$= \sqrt{\cos^2\Delta\phi_{rel}(t) + \sin^2\Delta\phi_{rel}(t)}$$

PLV 取值范围为[0,1]。PLV=0 时，$x(t)$ 和 $y(t)$ 的相位差均匀分布在 $-\pi \sim \pi$ 的区域内，即没有相位同步；PLV=1 时，相位差固定为 $-\pi \sim \pi$ 内的一个固定值，即完全相位同步。

5. 脑网络分析指标

图论拓扑分析内容丰富，应用广泛。通信、计算机科学和神经影像学等学科的学者，都利用图论来解决实际问题和理论问题[214]。在本书中，为了进一步评估 22 个通道的功能连接，进行了图论分析[145,147,215]。对于复杂的脑网络，聚类系数(clustering coefficient，C_{net})、全局效率(global efficiency，E_{global})、局部效率(local efficiency，E_{loc})和小世界网络(small-world network)度量，常被用于网络拓扑特征分析中[216-218]。

节点(nodes)和连边(edges)是构建大脑网络的两个基本组成部分[21,219]。在本书中，N 是网络中所有节点的集合；n 是节点的数量；L 是网络中所有链接的集合；l 是链接的数量；(i,j) 是节点 i 和 j 之间的链接($i,j \in N$)；a_{ij} 是 i 和 j 之间的连接状态：当链接(i,j)存在时，$a_{ij}=1$(i 和 j 是邻居)，否则 $a_{ij}=0$（所有 i 的 $a_{ii}=0$）。

链接的数量 $l = \sum_{i,j \in N} a_{ij}$（为了避免有向链接的歧义，本书将每个无向链接计算两次，分别作为 a_{ij} 和 a_{ji}）[21]。

度被定义为连接到一个节点的链接数，即一个节点 i 的度[21](k_i)：

$$k_i = \sum_{j \in N} a_{ij} \tag{2.17}$$

一个节点 i 周围的三角形的数量(t_i)：

$$t_i = \frac{1}{2} \sum_{j,h \in N} a_{ij} a_{ih} a_{jh} \tag{2.18}$$

因此，聚类系数(C_{net})定义如下[21,214,220]：

$$C_{net} = \frac{1}{n} \sum_{i \in N} C_i = \frac{1}{n} \sum_{i \in N} \frac{2t_i}{k_i(k_i-1)} \tag{2.19}$$

其中，C_i 是节点 i 的聚类系数(对于 $k_i < 2$，$C_i = 0$)。聚类系数评估了网络的局

部聚类或区域范围。聚类系数越大的网络拓扑结构越孤立[216]。

在节点 i 和 j 之间,最短路径长度(the shortest path length,d_{ij}):

$$d_{ij} = \sum_{a_{uv} \in g_{i \leftrightarrow j}} a_{uv} \tag{2.20}$$

其中,$g_{i \leftrightarrow j}$ 是 i 和 j 之间的最短路径。对于所有不相连的 i,j 来说,$d_{ij} = \infty$。

网络的特征路径长度(the path length,L_p)[218]:

$$L_p = \sum_{i \in N} \frac{\sum_{i \neq j \in N} d_{ij}}{n(n-1)} \tag{2.21}$$

特征路径长度是网络中任何一对区域之间最短路径长度的平均值,它衡量了网络的整体路线有效性。特征路径长度短表明网络中平行信息传输的效率高[216]。

小世界网络的衡量标准(σ)[214,218]:

$$\sigma = \frac{\gamma}{\lambda} \tag{2.22}$$

其中,$\gamma = C_{net}/C_{random}$,$\lambda = L_{net}/L_{random}$,$C_{net}$ 和 C_{random} 是聚类系数,L_{net} 和 L_{random} 分别是测试网络和随机网络的特征路径长度。C_{random} 和 L_{random} 分别表示 100 个匹配的随机网络的平均聚类系数和特征路径长度,这些网络拥有与真实大脑网络相同数量的节点、边和度分布[221-222]。小世界网络通常有 $\sigma \gg 1$。

全局效率(E_{global})[223]:

$$E_{global} = \frac{1}{n(n-1)} \sum_{i,j,i \neq j} \frac{1}{d_{ij}} \tag{2.23}$$

其中,d_{ij} 是节点 i 和 j 之间的最短路径长度。

局部效率(E_{loc})[223]:

$$E_{loc} = \frac{1}{n} \sum_{i \in N} E_{loc,i} = \frac{1}{n} \sum_{i \in N} \frac{\sum_{j,h \in N, j \neq i} a_{ij} a_{ih} [d_{jh}(N_i)]^{-1}}{k_i(k_i - 1)} \tag{2.24}$$

其中,$E_{loc,i}$ 是节点 i 的本地效率,$d_{jh}(N_i)$ 是 j 和 h 之间包含 i 的临边的最短路径的长度。

中介中心性(betweenness centrality,B_c):一个索引节点对网络中所有其他

节点之间的信息流的影响,一般定义为[144]

$$B_\mathrm{c} = \frac{1}{(n-1)(n-2)} \sum_{\substack{i,j \in N \\ h \neq j, h \neq i, j \neq i}} \frac{d_{ij}(i)}{d_{ij}} \qquad (2.25)$$

2.2 煤矿工人情景意识全要素模型构建

通过对煤矿工人情景意识相关理论基础的整理与分析,本书有以下观点。

(1)情景意识是个体安全行为的重要保障。SA 作为特定时间和空间内个体对环境元素的感知、理解和预测能力,是个体安全行为的重要保障。个体 SA 是动态变化的,其形成基础是个体在特定时间和空间内对环境因素的感知。

(2)个体因素和环境因素是个体情景意识的重要影响因素。在安全科学视域下,个体因素(人的因素)是特定时间和空间下个体 SA 能力的重要保障。其中,个体性格特征是个体具备良好 SA 的重要前提条件;此外,疲劳、注意力分散、认知负荷、精神负荷、睡眠剥夺和困倦等个体不良心理状态、不良生理状态、身体/精神限制以及个体对生产工具和环境的评估与认知是 SA 的重要影响因素。基于人类行为理论,一方面,根据人类行为 SOR 模型,当个体对环境信息的刺激感知失误或失效时,即个体 SA 降低或失效时,大脑就无法做出正确的信息加工,进而产生不安全行为或人因失误;另一方面,根据人的行为公式,当个体、群体、社会环境和物理环境中任一因素发生不利于个体行为的变化时,个体 SA 都有可能受损或降低,进而引发不安全行为或人因失误。

(3)个体感知是个体情景意识形成的基础,同时也是大脑信息的输入层,决定着个体的行为输出。以 fNIRS 为代表的脑影像技术可以使研究者们客观、精准地打开控制人类外在行为的"黑箱",从脑神经的生理层面来探究人脑认知功能的内在机制。其中,前额叶皮层是认知功能/能力的关键脑区,认知功能是个体 SA 的神经生理表现。当个体受环境及人的因素的不利影响时,个体 SA 就会降低或者失效,从而引发个体认知功能降低,如工作记忆、决策、注意力、计划、问题解决和抑制控制等的降低,进而导致不安全行为或人因失误的发生。

综合上述对煤矿工人情景意识相关基础理论的分析,本书以动态决策情景意识模型、人类行为 SOR 模型和大脑信息加工理论为基础,构建了煤矿工人情景意识全要素模型。

煤矿工人情景意识全要素模型主要分为主体部分和研究方法部分,如图 2.9 所示。

模型主体部分包括刺激(S)、肌体(O)、反应(R)三大模块。

(1)刺激模块。刺激模块为信息的输入层,主要包括组织、管理、环境、社会和机器等外部环境信息。

(2)肌体模块。肌体模块主要包括情景意识、认知功能和个体因素。其中,以感知为基础的 SA 是信息感受器,认知功能为大脑信息加工器。认知功能是 SA 的神经生理表现。精神状态、身体状态、性格和人格等个体因素是 SA 和认知功能的重要影响因素。

(3)反应模块。反应模块为不安全行为/人为因素输出层,是信息效应器。当环境信息与个体因素内任一子因素发生不利变化时,个体感知能力将受到影响,SA 随之下降或者失效,从而引发个体认知功能下降,导致不安全行为/人因失误;同时,个体不安全行为/人因失误也将反馈于环境信息。

模型的研究方法主要包括感兴趣脑区、实验仪器、量化方法和检测方法四部分。其中,认知功能的关键脑区为前额叶皮层;实验仪器为 fNIRS 脑成像系统;量化方法为基于 fNIRS 的静息态功能连接方法;检测方法为 SVM 分类识别模型。

因此,为探究煤矿工人情景意识的内在认知神经机制,根据上述煤矿工人情景意识全要素模型,本书拟选用 fNIRS 脑成像系统对煤矿工人大脑前额叶皮层进行静息态数据采集,以个人特质和轮班工作两种最常见的煤矿工人情景意识影响因素为例,分别探究揭示个体因素和环境因素影响下的煤矿工人情景意识脑功能特征,并对不同条件下煤矿工人的情景意识进行检测识别。

2 煤矿工人情景意识相关基础理论及全要素理论模型构建

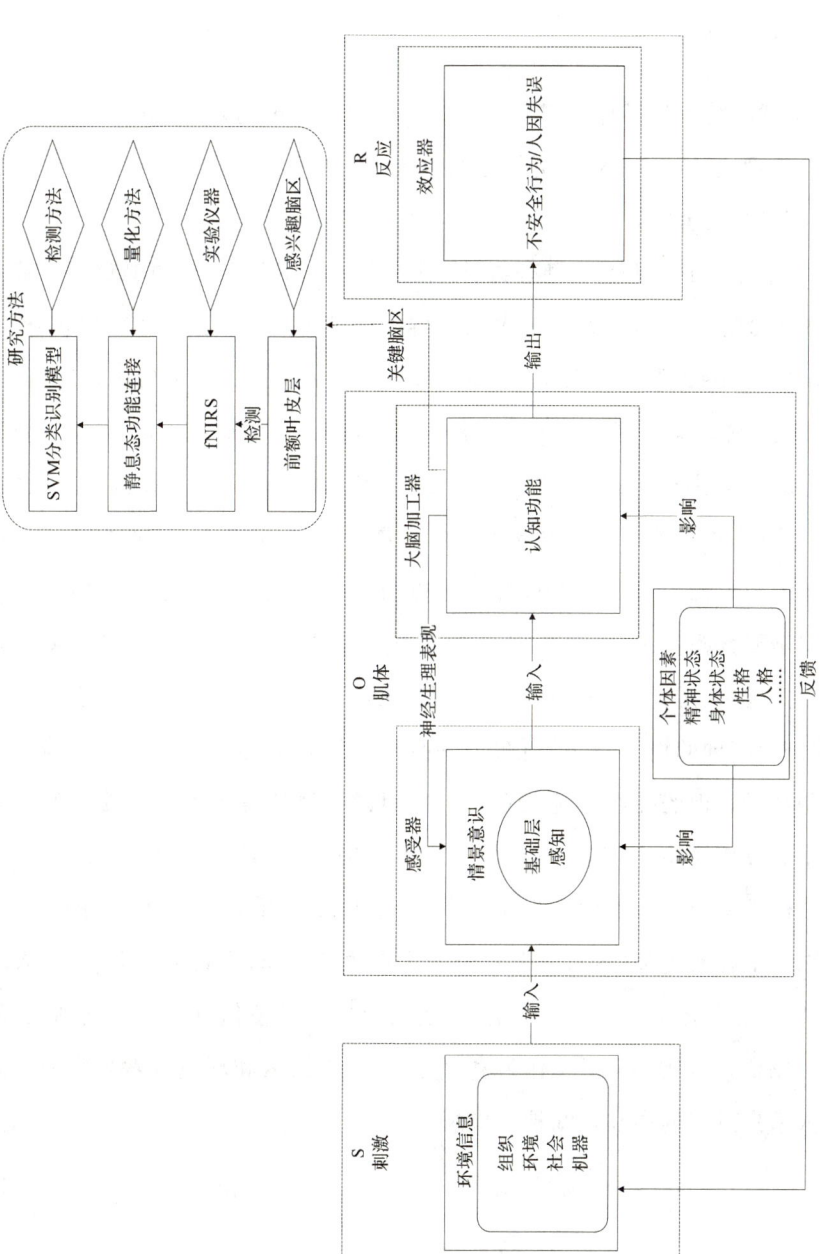

图2.9 煤矿工人情景意识全要素模型

2.3 本章小结

(1)本章归纳整理了煤矿工人情景意识相关的理论基础,分析了情景意识、事故倾向性理论、人的因素分析与分类系统、人的行为 SOR 模型、人的行为公式、大脑信息加工理论。

(2)本章介绍了 fNIRS 静息态功能连接原理。fNIRS 通过测量被试者大脑血红蛋白浓度的变化,可以打开人类大脑"黑箱",使我们看到人类大脑内部的神经活动。根据认知神经科学相关理论,前额叶皮层是人类认知功能的关键脑区,也是本书实验的感兴趣脑区。作为一种科学、高效的脑科学研究方法,fNIRS 静息态功能连接可以用来进一步探究煤矿工人情景意识的内在认知神经机制。

(3)本章构建了煤矿工人情景意识全要素模型,为第 3 章、第 4 章和第 5 章的煤矿工人情景意识脑功能连接特征分析与分类识别奠定了基础。煤矿工人情景意识全要素模型分为刺激、肌体和反应三大模块。环境信息属于刺激模块,为信息的输入层;情景意识、认知功能和个体因素共同构成肌体模块。其中,以感知为基础的情景意识是信息感受器,认知功能为大脑信息加工器。认知功能是情景意识的神经生理表现。个体因素是情景意识和认知功能的重要影响因素。反应模块为不安全行为/人为因素输出层,是信息效应器。当环境信息与个体因素内任一子因素发生不利变化时,个体感知能力将受到影响,情景意识随之下降或者失效,从而引发个体认知功能下降,导致不安全行为/人因失误。此外,个体不安全行为/人因失误也将反馈于环境信息。在此基础上,阐明本书拟以个人特质和轮班工作为例,分别从个人因素和环境因素角度来探究煤矿工人情景意识的内在认知神经机制。

3 煤矿工人人因失误倾向者 fNIRS 脑功能连接特征研究

3.1 实验目的

根据煤矿工人情景意识全要素模型与事故倾向性理论,个人特质是个体 SA 的重要影响因素。在陕煤集团 H 公司的实地调研中发现,在现实煤矿生产中,煤矿工人人因失误倾向者往往具有性格急躁、疲劳等特征,这与事故倾向性理论一致。在我国煤矿生产中,最典型的不安全行为和人因失误就是"三违"①。因此,基于事故倾向性理论,本书定义那些曾经发生过"三违"的煤矿工人为煤矿工人人因失误倾向者。这些具有人因失误倾向性的煤矿工人与一般煤矿工人的神经生理表现是否一致?二者的大脑功能连接特征是否存在差异?由此,本章引入认知神经科学的研究手段,以揭示具有人因失误倾向特质的煤矿工人的情景意识的内在认知神经机制。

近年来,fNIRS 已经成为安全科学的一种新型的、先进的研究工具。目前的研究表明,在安全关键任务中,功能连接和行为之间存在重要联系[127]。在安全研究领域,来自驾驶、建筑、航空和海上作业的学者们先后应用 fNIRS 研究了操作者在不同条件下 SA 的神经生理表现。在驾驶研究领域,Liu Tao 探讨了 fNIRS 作为检查驾驶行为的新工具的潜力,并分析了瞌睡和前额叶激活之间的正相关关系[100-101]。学者们主要关注应用 fNIRS 研究疲劳驾驶和不安全驾驶[98,104,107-108,114]。David Perpetuini 应用 fNIRS 信号样本熵估计了司机的心理工作量[224]。在建筑领域的文献中,Hu Mo 利用 fNIRS 设备探索了建筑危险源

---

① "三违"是指生产作业中违章指挥、违章作业、违反劳动纪律这三种观象。

识别[116],Shi Yangming利用虚拟现实实验评估了工人在不同虚拟训练场景下的压力状态和任务表现[117]。在航空领域,Frederic Dehais应用fNIRS和EEG监测了飞行员的认知疲劳[123]。Kevin J. Verdière探索了飞行员在自动和手动降落时的心理状态[124]。Amanda Liu设计了一个基于fNIRS的系统来评估飞行员的注意力水平和精神负荷[225]。在海上作业领域,Fan Shiqi发现了前额叶皮层的右外侧区域对海上作业表现中的放哨和决策很敏感[127]。

然而,现有的文献表明,在煤矿工人情景意识研究领域,大多数学者主要应用事故分析、问卷调查、模型分析、因子分析等实证方法[18,29,42,71,226]。截至目前尚未有学者应用fNIRS实验方法来探究煤矿工人情景意识的内在认知神经机制。在认知神经科学领域,研究人员一致认为,前额叶皮层在人类行为的组织化、秩序化和时间化方面起着重要作用[193,227]。它是人类认知功能(注意力、工作记忆和决策等)的关键脑区[22,228]。注意力、工作记忆和决策的减少可能会引发SA降低或者失效,进而导致不安全行为或人因失误[229]。结合行为实验,目前的研究大多集中在疲劳[98,101,108,114,123,137-138]、注意力分散[108,131,135,139,230]、大脑负荷[120,129,231-232]、睡眠不足和嗜睡[24,101,134,136-137,156]等个人精神状态下的SA表现,以探索不同任务条件下的个体SA的内在认知神经机制。

与任务相关的反应相比,RSFC反映了大脑的基线、自发和本能活动以及功能网络。基于fNIRS测量的RSFC已被证明是分析情感障碍和自闭症谱系障碍等精神状态的有效方法[148,233]。此外,基于图论的网络科学是研究复杂网络结构的有力方法,它已被广泛用于研究各种认知状态和疾病的大脑网络[216,234]。与以前的研究一致,本书认为分析大脑连接性是一种有效的方法,可以用来自动检测和分类精神疲劳[216]。本章假设脑功能连接可用于研究煤矿工人人因失误倾向性的神经心理学机制。

由此,本书对陕煤集团H公司的106名煤矿工人进行了时长为5 min的前额叶皮层fNIRS静息态检测,分析煤矿工人人因失误倾向者与一般煤矿工人之间的脑功能连接差异。

3.2 静息态数据采集及预处理

3.2.1 研究对象

1. 人因失误倾向煤矿工人的定义

本研究基于随机抽样的方法,从中国最大的现代煤炭公司之一——陕煤集团 H 公司挑选了 120 名男性矿工作为研究对象。由于头部运动或极度疲劳导致了 fNIRS 的信号中存在较大的运动伪影,14 名被试者被排除在外(10 名一般煤矿工人,4 名人因失误倾向煤矿工人)。因此,本研究的有效对象为 106 人。其中,80 名矿工从未出现过"三违"行为(have not engaged in unsafe behavior, NUB);26 名矿工在过去三年里有过"三违"行为(have been engaged in unsafe behavior, EUB)。

消除"三违"行为是煤矿安全生产的重要保障之一。根据我国现行的煤矿法规要求,井下吸烟、睡觉、晚下井、早上井、脱岗、疲劳作业、不良情绪作业等不安全行为通常被认为是"三违"行为[235-236]。据此,本书定义那些曾经发生过"三违"的煤矿工人为煤矿工人人因失误倾向者。

2. 实验条件与被试者信息

本研究被试者的平均年龄为 35.64 岁,平均身高为 172.00 cm,平均体重为 68.14 kg。所有被试者的人口统计学资料详见表 3.1 和表 3.2。在实验开始前,对被试者的详细信息进行了审查,要求被试者没有接受过任何精神药物治疗(如兴奋剂、抗抑郁药和抗焦虑药),并且没有神经系统损伤、神经系统疾病或精神疾病的历史。

表 3.1 106 名被试者的人口统计学资料、卡方检验和单因素方差检验

项目	NUB($n=80$)	EUB($n=26$)	卡方检验		单因素方差检验	
	平均值±方差	平均值±方差	χ^2	p_1	p_2	F
工龄/年	9.00±7.06	9.76±7.02	0.831	1.000	0.961	0.154
身高/cm	172.88±5.01	171.71±4.49	1.319	0.966	0.304	1.226
年龄/岁	34.89±6.77	36.38±6.40	1.855	0.562	0.540	0.724
体重/kg	69.50±7.04	67.73±7.97	1.306	0.802	0.199	1.579
婚姻状态	—	—	0.283	0.868	0.812	0.209
学历	—	—	1.442	0.780	0.831	0.368

注：$p_1>0.05$，样本未通过卡方检验；$p_2>0.05$，样本未通过单因素方差检验。

表 3.2 106 名被试者的婚姻水平和教育水平

样本信息		NUB($n=80$)		UW($n=26$)	
		样本量	百分比/%	样本量	百分比/%
婚姻状态	离异	1	1.2	0	0
	已婚	71	88.8	21	80.8
	未婚	8	10.0	5	19.2
教育水平	本科	6	7.5	3	11.5
	大专	12	15.0	5	19.2
	高中	61	76.2	18	69.3
	初中	1	1.3	0	0

根据手势量表,所有被试者都是右利手,并且拥有正常或矫正视力。被试者在实验前 24 h 内禁止饮用敏感产品(如酒精或咖啡因)。被试者需要提前报告他们的身体信息和实验前一天晚上的睡眠情况,以确保充足的睡眠。

在采集 fNIRS 数据时,被试者被要求保持静止,睁着眼睛直接盯着屏幕中央的十字架并保持清醒。每个被试者的静息状态 fNIRS 数据采集时间约为 5 min。为了保证 fNIRS 数据的稳定性和可比性,实验室的光线和温度在整个实验过程中需要保持不变。由于个人血氧浓度在一天中的不同时间有差异,在不影响煤矿工人正常工作的基础上,为了减少时间对采集数据的影响,本研究选择休假的煤矿工人在 10:00—14:00 期间完成实验。

实验前,要求被试者充分了解实验方案的内容,所有被试者都签署了书面知情同意书。本实验过程得到了西安科技大学人类伦理委员会的批准,符合 1975 年《赫尔辛基宣言》中规定的伦理标准。

3.2.2 实验系统与实验步骤

如图 3.1 所示,本研究使用的是基于日本岛津 LABNIRS 功能性近红外脑成像设备的实验系统。

该系统主要包括 fNIRS 主机、光源探测器、fNIRS 帽子、主试电脑和被试者电脑。实验示例照片如图 3.2 所示。

其中图 3.2(a)为佩戴好光源探测器和 fNIRS 帽子的被试者准备开始实验的示例;图 3.2(b)为实验完成后采集被试者光源探测器的 3D 定位 MNI (Montreal Neurological Institute,蒙特利尔神经学研究所)坐标的示例。由于 fNIRS 脑成像系统属于高精度仪器,为了减少外部环境对实验数据的影响,在整个实验过程中实验室的温度、光线等环境变量需要保持一致。此外,主试也不得随意走动、拍照或发出声音。

图 3.1　岛津 LABNIRS 功能性近红外脑成像设备

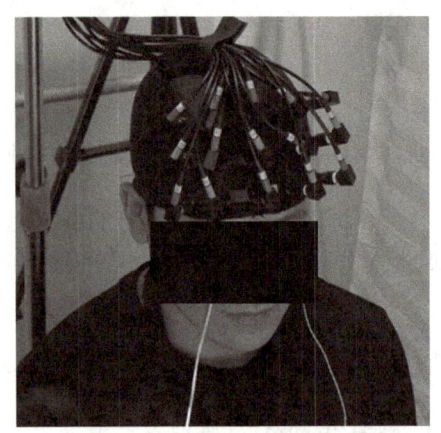
(a) 佩戴好光源探测器和 fNIRS 帽子的被试准备开始实验

(b) 实验完成后采集被试者光源探测器的 3D 定位 MNI 坐标

图 3.2　实验照片示例

如图 3.3 所示,本实验主要分为六个步骤。

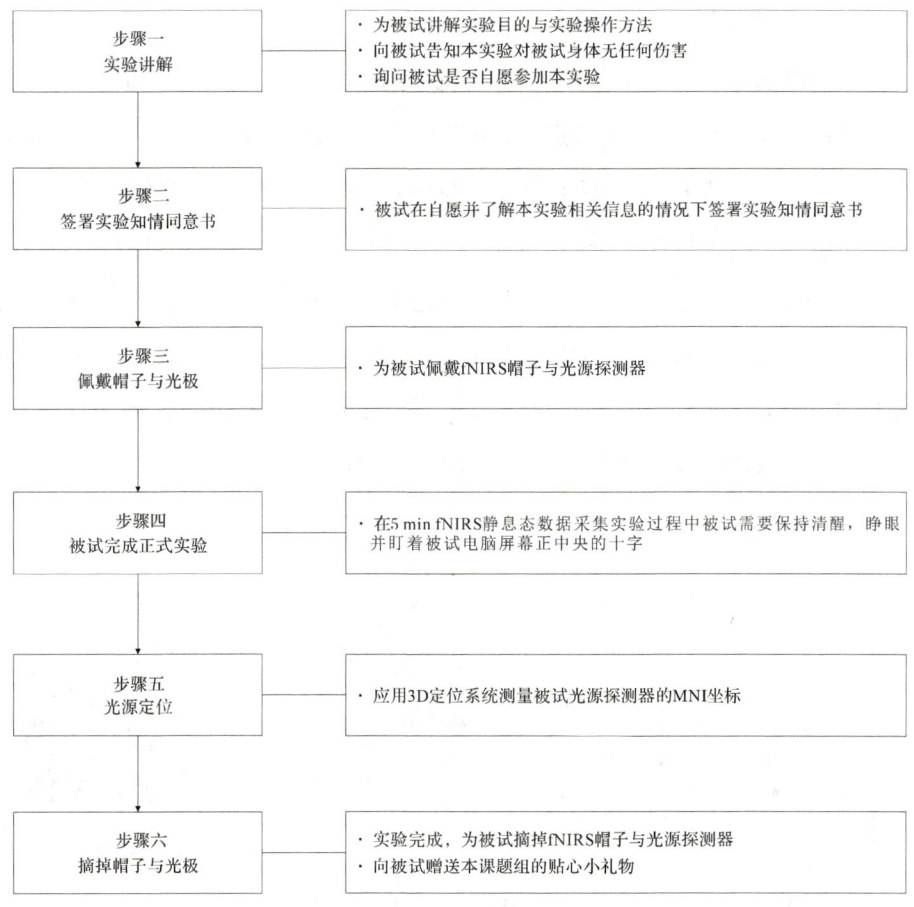

图 3.3 本实验的操作步骤

3.2.3 数据采集

1. fNIRS 设备技术参数设定

本研究的数据采集设备为 22 通道的 fNIRS 脑成像系统(LABNIRS;岛津公司,日本京都)进行数据采集。该系统中每个光源包括两个波长(690 nm 和 830 nm)的近红外光,用于测量被试者氧合血红蛋白(oxy-Hb)和脱氧血红蛋白(deoxy-Hb)时间-浓度变化数据,采样率为 7.407 4 Hz[237]。每个被试者的静息状态 fNIRS 数据采集时间约为 5 min,包括 2 224 个采样点。

2. 感兴趣脑区

本研究选取 8 个源探头和 7 个检测器探头组成一个 5×3 的矩阵，覆盖了被试者前额叶区域的 22 个通道（每两个相邻探测器之间的距离为 30 mm，见图 3.4）[145,215]。其中，探测器 7 垂直于鼻尖，与眉毛平齐。该矩阵覆盖了本研究的主要感兴趣区域（regions of interest, ROI），包括背外侧前额叶皮层（dorso-lateral prefrontal cortex, dlPFC）的中间部分（CH01、CH02、CH03、CH04、CH05、CH08、CH09、CH13、CH14 和 CH18）、额极区（frontopolar cortex, FPC）（CH06、CH07、CH10、CH11、CH12、CH15、CH16 和 CH17）和眶额区（orbito-frontal cortex, OFC）（CH19、CH20、CH21 和 CH22）。

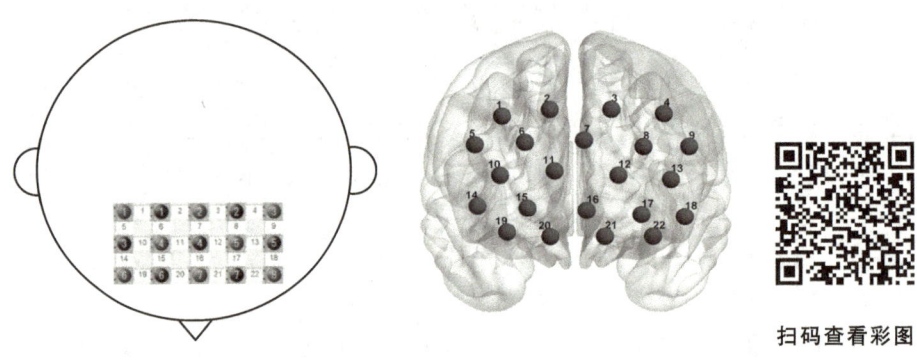

(a) fNIRS通道位置平面示意图（红色为光源探头，蓝色为检测器）　　(b)正面视图的22个通道的3D位置

扫码查看彩图

图 3.4　fNIRS 通道位置示意图

3. 通道定位数据采集

实验结束后，使用 3D 定位系统（FASTRAK；Polhemus，美国）对所有被试者的 fNIRS 通道进行定位测量。该系统以下巴的中心为原点，鼻翼（nasion, Nz）、右耳前点（right preauricular points, AR）、左耳前点（left preauricular points, AL）和中央零点（central zero, Cz）为四个参考点，并根据原点和四个参考点获得 fNIRS 源和检测器的具体坐标。随后，利用 MATLAB 工具箱 NIRS-SPM[136,147,238]，从光源和检测器的位置计算出 fNIRS 通道的 3D 定位坐标（即

MNI 坐标)。概率用于描述估算的 MNI 坐标准确地对应于特定的大脑区域的程度。本研究使用基于布罗德曼分区的解剖学信息获得了 fNIRS 通道的估计平均位置。上述数据详见表 3.3。

表 3.3 fNIRS 通道坐标

通道	布罗德曼分区	MNI 坐标			概率
		x	y	z	
CH01	*9 背外侧前额叶	31	48	42	0.754 7
CH02	*9 背外侧前额叶	11	58	41	0.995 8
CH03	*9 背外侧前额叶	−12	58	41	1.000 0
CH04	*9 背外侧前额叶	−29	48	39	0.640 6
CH05	*46 背外侧前额叶	43	51	28	0.636 8
CH06	*10 额极区	21	65	28	0.632 4
CH07	*10 额极区	−1	64	26	0.887 8
CH08	*46 背外侧前额叶	−22	63	28	0.861 9
CH09	45 布洛卡三角区	−39	51	27	0.988 9
CH10	*10 额极区	31	67	14	0.881 0
CH11	*10 额极区	12	72	16	1.000 0
CH12	*10 额极区	−13	72	15	1.000 0
CH13	*46 背外侧前额叶	−31	64	16	0.767 7

续表

通道	布罗德曼分区	MNI 坐标			概率
		x	y	z	
CH14	*46 背外侧前额叶	40	64	0	0.372 6
CH15	*10 额极区	21	72	3	0.476 2
CH16	*10 额极区	−4	71	4	0.735 7
CH17	*11 眶额区	−21	72	5	0.682 6
CH18	*46 背外侧前额叶	−39	62	3	0.917 3
CH19	*11 眶额区	29	69	−8	0.840 4
CH20	*11 眶额区	11	73	−7	0.944 3
CH21	*11 眶额区	−13	72	−6	0.996 4
CH22	*11 眶额区	−32	66	−6	0.513 5

注：*表示感兴趣区域。

3.2.4 数据预处理

在 MATLAB R2013b 中使用自编脚本对 fNIRS 数据进行了预处理。

(1)将 LABNIRS 系统输出的 a.txt 文件手动转换为 a.mat 文件。

(2)使用修正的比尔-朗伯定律(modified Beer-Lambert law, MBLL)计算血红蛋白信号的浓度变化,这些信号来自于两个波长下光线通过头部的衰减[201]。

(3)根据 Duncan 对 100 名成人的研究,微分路径长度因子(differential pathlength factor, DPF)的平均值为 6.53[239]。

(4) 采用离散小波变换来减少头部运动和表面噪音[240]。与以往的研究类似,采用了截止频率为 0.02 Hz 和 0.08 Hz 的带通滤波,以去除长期趋势、呼吸和心脏噪声[241-242]。

(5) 与脱氧血红蛋白信号和总血红蛋白信号相比,氧合血红蛋白信号对区域脑血流的变化更加敏感。因此,选择氧合血红蛋白信号作为本研究的研究对象[217,242-243]。

3.2.5 功能连接数据处理

1. 构建 COR 功能连接矩阵

本研究选择 COR 作为 fNIRS 静息态功能连接的指标[117,212-213,241],即 COR 被用来描述两个通道的时域信号 $x(t)$ 和 $y(t)$ 之间的线性相关关系。为了方便数据信号处理,一般假设两个通道的信号没有延迟。COR 的取值范围为 $[-1,1]$。如果两个通道的信号完全线性负相关,则数值为 -1;如果两个通道的信号完全线性正相关,则数值为 1;如果两个通道的信号之间没有线性相关(可能存在非线性相关),则数值为 0。

通过计算 22 组通道两两之间的 COR 矩阵,可以得到本实验 5 min 内前额叶皮层神经元群的连接强度[147]。其中,22×22 的矩阵的行和列表示各个通道,而矩阵中的元素是两通道的相关系数。

2. COR 的二元转换

在构建 COR 矩阵后,为了进一步解释两个样本组之间功能连接的差异,本书对 COR 矩阵进行了二元转换。参考以往的研究,将阈值设定为 0.5 和 0.7,大于阈值的 COR 值被定义为 1,小于阈值的 COR 值被定义为 0[147,154,218,244]。

3. COR 功能连接 t 检验

应用双尾配对 t 检验检验两组之间 22 个通道的 COR 矩阵的差异。采用多重比较校正来控制假阳性事件的概率,并对所有 COR 结果进行错误发现率(false discovery rate,FDR)校正($q<0.05$)[245]。所有统计分析均由 SPSS 26.0 计算,显著性水平设定为 $p<0.05$。

4. 基于图论的脑网络分析

为了进一步评估这 22 个通道的功能连接,进行了图论分析[144-145,147,215]。对于复杂的脑网络,聚类系数、全局效率、局部效率和小世界网络度量,常被用于网络拓扑特征分析中[216-218]。所有这些指标都是由 MATLAB 上的 GRETNA 计算的。本研究采用了广泛使用的稀疏性阈值[144-145,154,215,217,246-247]。一系列的连续阈值(稀疏度)$T, T \in (0.1:0.1:0.9)$,被输入以构建脑网络。脑网络通常与随机网络进行比较,以测试它们是否配置了明显的非随机拓扑结构。此外,还生成了 100 个匹配的随机网络来计算真实大脑功能网络之间所有这些指标的比率[218,248-250]。

3.3 煤矿工人人因失误倾向者脑功能连接特征实验结果

3.3.1 人口统计学结果

表 3.1 为 NUB 和 EUB 的人口统计信息。总的来说,EUB 的平均工龄比 NUB 长;NUB 的平均身高和 EUB 基本相等;EUB 的平均年龄大于 NUB,NUB 的平均体重高于 EUB。

两组样本的婚姻状况和教育信息见表 3.2。从占比来看,EUB 的未婚比例高于 NUB。与 NUB 相比,EUB 的煤矿工人受教育程度较低,占 34.6%。

然而,卡方检验结果显示,两组煤矿工人在工作年限、身高、年龄、体重、婚姻状况和教育信息方面没有明显的差异。单因素方差分析结果显示,煤矿工人的大脑功能连接在上述人口学因素分组中并没有明显差异。

3.3.2 皮尔逊相关系数和 t 检验结果

图 3.5 显示了 NUB 和 EUB 前额叶皮层的 22×22 的相关矩阵。其中,每个网格代表了两个通道之间的功能连接($COR \in [0,1]$)。COR 的数值较大表示通道之间有较强的相关性,意味着一个通道的激活与另一个通道的激活具有明显的相关性。在图 3.5 中,蓝色表示通道间的弱连接,红色表示强连接。

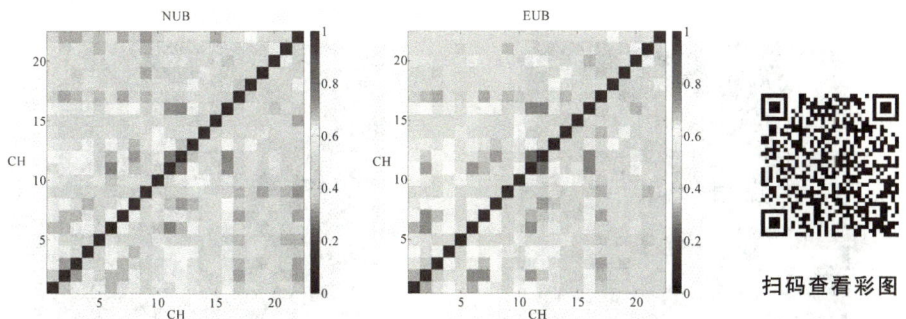

图 3.5　NUB 和 EUB 前额叶皮层 22 对通道之间的功能连接矩阵

在图 3.5 中,使用二元分类法,把 COR＝0.5 和 COR＝0.7 分别设定为临界值。当两个通道之间的 COR 小于临界值时,为黑色;反之,则为白色,如图 3.6 和图 3.7 所示。可以看出,与 NUB 相比,EUB 显示出更强的连接性($p<0.05$,双样本 t 检验)。

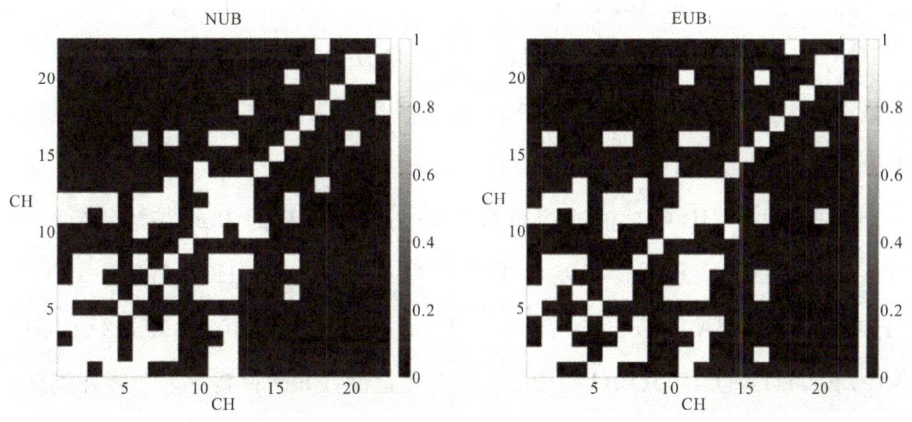

图 3.6　COR＝0.5 时 NUB 和 EUB 前额叶皮层 22 对通道之间的二元功能连接矩阵

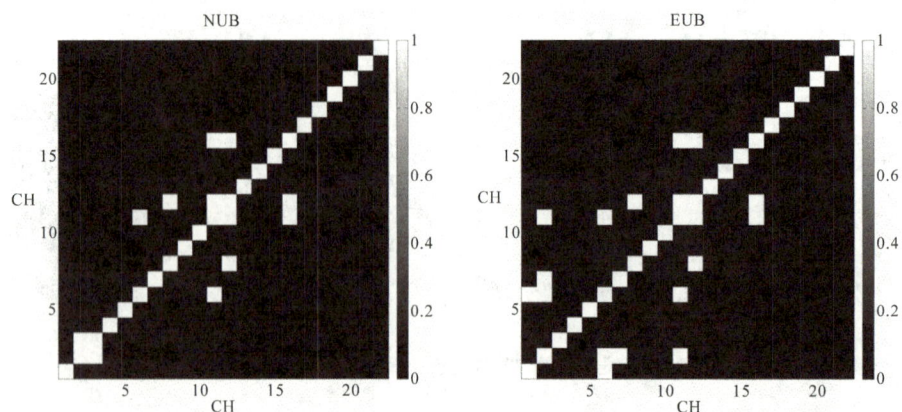

图 3.7 COR=0.7 时 NUB 和 EUB 前额叶皮层 22 对通道之间的二元功能连接矩阵

特别是图 3.6 描述了 NUB 和 EUB 的二元矩阵(COR=0.5)。其中,NUB 的功能连接率是 42.98%,而 EUB 是 43.39%。在这两组中,COR>0.5 的通道主要集中在布罗德曼分区中的 BA9(CH01、CH02、CH03、CH04)、BA10(CH06、CH07、CH10、CH11、CH12、CH16)和 BA46(CH08、CH13、CH14)。也就是说,背外侧前额叶(BA9 和 BA46)和额极区(BA10)之间的功能连接强度强于 PFC 的其他脑区。

图 3.7 中 NUB 的功能连接率为 7.02%,而 EUB 的为 8.26%(COR=0.7)。此时,两组之间的显著差异主要集中在 CH02-CH03(BA9)、CH06-CH01(BA10-BA9)、CH06-CH02(BA10-BA9)、CH07-CH02(BA10-BA9)和 CH11-CH02(BA10-BA9)。也就是说,EUB 的额极区和背外侧前额叶的 COR 比 NUB 的强。

如图 3.8 所示,在 NUB 和 EUB 的功能连接矩阵中,有三对通道通过了双样本 t 检验($p<0.05$)。分别是,CH15-CH22($p=0.002\,325$),CH09-CH22($p=0.021\,02$)和 CH21-CH22($p=0.028\,88$)。如前所述,CH09 属于 BA45,CH15 属于 BA10,CH21 和 CH22 属于 BA11。也就是说,额极区和眶额区(CH15-CH22)、三角布洛卡区和眶额区(CH09-CH22)、眶额区(CH21-CH22)是 NUB 和 EUB 的功能连接矩阵有差异的区域。

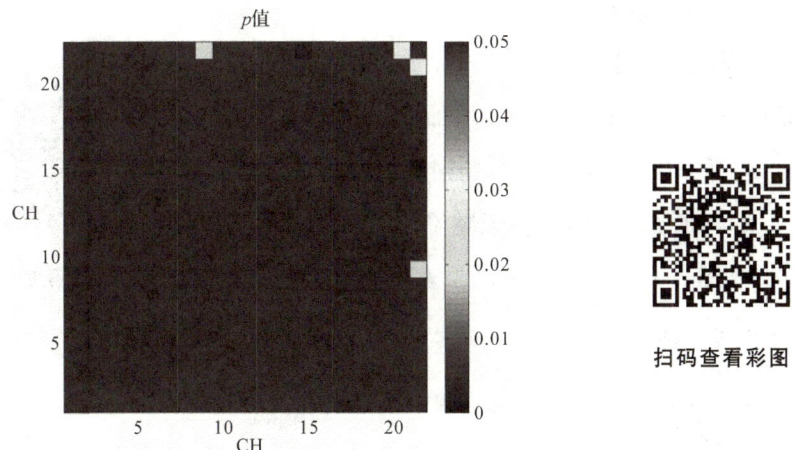

图 3.8 NUB 和 EUB 的功能连接矩阵的 p 值($p<0.05$)

图 3.9 显示了 NUB 和 EUB 的功能连接分布直方图。两组功能连接的平均值(Mean)和标准差(Std)相似,而频率分布则有很大不同,尤其是在 0.35～0.5 的范围内。

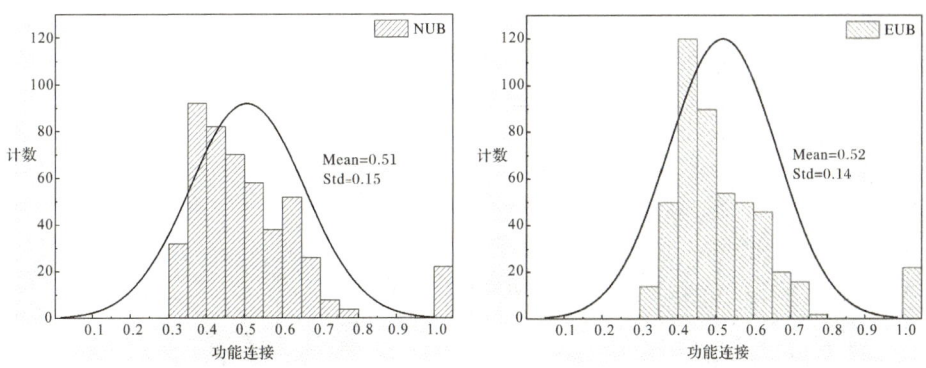

图 3.9 NUB 和 EUB 的功能连接分布直方图

3.3.3 脑网络参数结果

对于随后的网络分析,相关矩阵在 0.1～0.9 的稀疏范围内被阈值化。作为网络效率的函数,图 3.10 描述了全局效率(E_{global})、局部效率(E_{loc})、聚类系数(C_{net})和特征路径长度(L_p)。

一般来说,全局效率[图 3.10(a)]和局部效率[图 3.10(b)]的参数随着阈值的增加而增加,这与以往的研究结果一致[151,250]。同时,NUB 和 EUB 脑网络的聚类系数也随着阈值的增加而增加[图 3.10(c)];但随着稀疏度的增加,特征路径长度减少[图 3.10(d)]。这些结果表明,PFC 功能网络具有稳定的小世界特征[151,251]。

扫码查看彩图

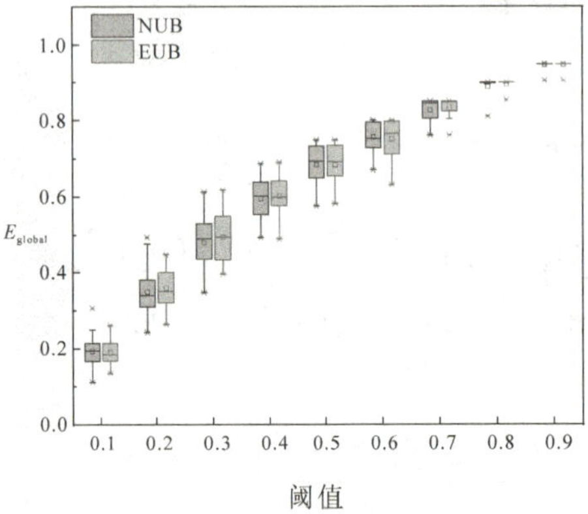

(a)全局效率(E_{global})

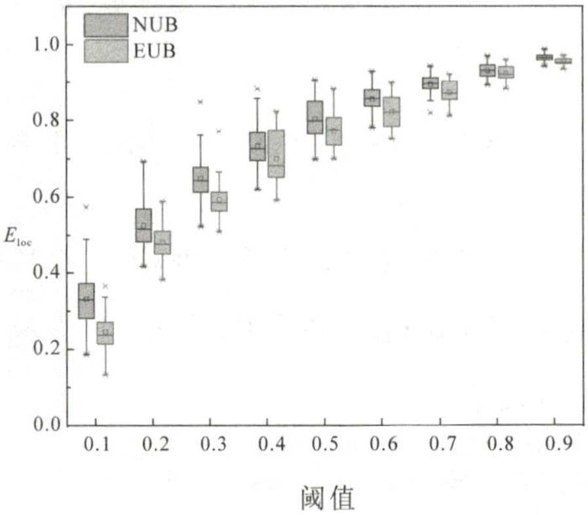

(b)局部效率(E_{loc})

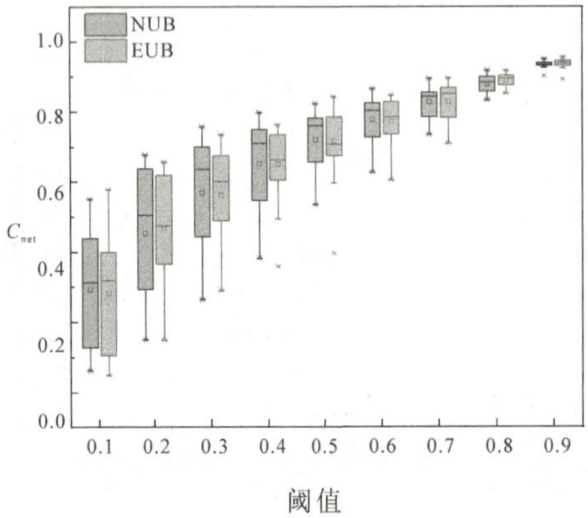

(c)聚类系数(C_{net})

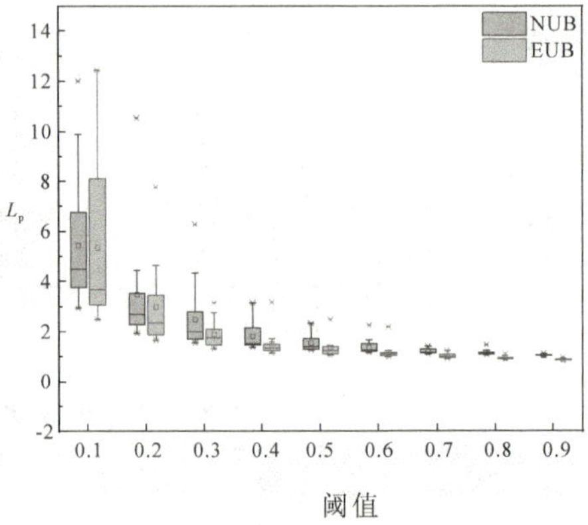

(d)特征路径长度(L_p)

图 3.10　NUB 与 EUB 的大脑网络效率比较

注:蓝色代表 NUB,红色代表 EUB;横轴为阈值,纵轴为网络特性指数。

表 3.4、表 3.5 和表 3.6 分别表明了静息状态下两组样本的脑网络聚类系数、节点效率和局部节点效率的群体差异。值得注意的是,在这三个网络指标中,只有 CH08(属于 BA46)通过了双样本 t 检验($p<0.05$)。其中,聚类系数、节点效率、局部节点效率的群体差异分别为:0.000 4、0.038 4、0.000 4。

表 3.4　fNIRS 静息态状态下 EUB 和 NUB 聚类系数群体差异

布罗德曼分区	通道编号	聚类系数			
		平均值±方差		t 值	p 值
		NUB	EUB		
*9 背外侧前额叶	01	0.60±0.10	0.59±0.11	0.481 2	0.631 4
*9 背外侧前额叶	02	0.64±0.10	0.62±0.08	0.823 7	0.412 0
*9 背外侧前额叶	03	0.64±0.12	0.61±0.15	0.797 1	0.427 2
*9 背外侧前额叶	04	0.60±0.11	0.60±0.10	−0.018 5	0.985 3
*46 背外侧前额叶	05	0.53±0.16	0.54±0.14	−0.162 6	0.871 2
*10 额极区	06	0.62±0.07	0.60±0.08	1.034 8	0.303 2
*10 额极区	07	0.62±0.13	0.63±0.16	−0.250 4	0.802 8
*46 背外侧前额叶	08	0.64±0.07	0.56±0.13	3.630 4	0.000 4 △
45 布洛卡三角区	09	0.45±0.20	0.48±0.17	−0.714 9	0.476 3
*10 额极区	10	0.58±0.10	0.58±0.10	−0.276 5	0.782 7
*10 额极区	11	0.61±0.08	0.62±0.05	−0.476 0	0.635 1
*10 额极区	12	0.62±0.08	0.62±0.08	0.064 3	0.948 9
*46 背外侧前额叶	13	0.58±0.09	0.55±0.12	1.494 2	0.138 2
*46 背外侧前额叶	14	0.53±0.13	0.51±0.16	0.471 3	0.638 4

续表

布罗德曼分区	通道编号	聚类系数		t 值	p 值
		平均值±方差			
		NUB	EUB		
*10 额极区	15	0.47±0.18	0.51±0.17	−1.040 7	0.300 4
*10 额极区	16	0.61±0.07	0.63±0.09	−1.110 5	0.269 4
*11 眶额区	17	0.44±0.19	0.41±0.20	0.744 0	0.458 5
*46 背外侧前额叶	18	0.53±0.14	0.51±0.18	0.595 7	0.552 7
*11 眶额区	19	0.46±0.16	0.48±0.19	−0.437 6	0.662 6
*11 眶额区	20	0.52±0.13	0.56±0.13	−1.336 5	0.184 3
*11 眶额区	21	0.44±0.17	0.48±0.19	−1.039 2	0.301 1
*11 眶额区	22	0.41±0.18	0.44±0.16	−0.639 3	0.524 1

注：*表示感兴趣区域；

△表示结果通过双样本 t 检验（$p<0.05$）。

表 3.5　fNIRS 静息态状态下 EUB 和 NUB 节点效率群体差异

布罗德曼分区	通道编号	节点效率		t 值	p 值
		平均值±方差			
		NUB	EUB		
*9 背外侧前额叶	01	0.56±0.01	0.57±0.09	−0.375 3	0.708 2
*9 背外侧前额叶	02	0.56±0.01	0.59±0.07	−1.702 1	0.091 7
*9 背外侧前额叶	03	0.54±0.01	0.51±0.09	1.470 7	0.144 4
*9 背外侧前额叶	04	0.57±0.01	0.55±0.09	1.023 1	0.308 6

续表

布罗德曼分区	通道编号	节点效率 平均值±方差		t 值	p 值
		NUB	EUB		
*46 背外侧前额叶	05	0.48±0.02	0.50±0.11	−0.569 0	0.570 6
*10 额极区	06	0.60±0.01	0.60±0.04	−0.763 7	0.446 8
*10 额极区	07	0.53±0.01	0.54±0.11	−0.381 2	0.703 9
*46 背外侧前额叶	08	0.58±0.01	0.54±0.12	2.096 7	0.038 4 △
45 布洛卡三角区	09	0.41±0.02	0.44±0.16	−0.777 7	0.438 5
*10 额极区	10	0.56±0.01	0.56±0.07	0.271 1	0.786 9
*10 额极区	11	0.60±0.01	0.61±0.02	−1.172 0	0.243 9
*10 额极区	12	0.60±0.01	0.59±0.06	0.500 9	0.617 5
*46 背外侧前额叶	13	0.58±0.01	0.58±0.06	−0.097 2	0.922 8
*46 背外侧前额叶	14	0.50±0.01	0.48±0.13	0.982 4	0.328 2
*10 额极区	15	0.43±0.02	0.48±0.14	−1.478 9	0.142 2
*10 额极区	16	0.60±0.01	0.59±0.05	0.610 3	0.543 0
*11 眶额区	17	0.39±0.02	0.36±0.16	0.905 4	0.367 3
*46 背外侧前额叶	18	0.50±0.01	0.48±0.14	0.837 6	0.404 2
*11 眶额区	19	0.43±0.02	0.45±0.13	−0.408 2	0.684 0
*11 眶额区	20	0.52±0.01	0.54±0.10	−0.995 9	0.321 6
*11 眶额区	21	0.42±0.02	0.43±0.15	−0.388 4	0.698 5
*11 眶额区	22	0.38±0.02	0.44±0.13	−1.704 4	0.091 3

注：*表示感兴趣区域；

△表示结果通过双样本 t 检验（$p<0.05$）。

表 3.6　fNIRS 静息态状态下 EUB 和 NUB 局部节点效率群体差异

布罗德曼分区	通道编号	节点效率 平均值±方差		t 值	p 值
		NUB	EUB		
*9 背外侧前额叶	01	0.66±0.11	0.65±0.12	0.335 1	0.738 2
*9 背外侧前额叶	02	0.69±0.09	0.69±0.06	0.015 9	0.987 3
*9 背外侧前额叶	03	0.68±0.12	0.65±0.15	1.188 5	0.237 4
*9 背外侧前额叶	04	0.66±0.11	0.65±0.10	0.428 6	0.669 1
*46 背外侧前额叶	05	0.57±0.17	0.58±0.15	−0.215 4	0.829 9
*10 额极区	06	0.69±0.06	0.68±0.06	0.705 9	0.481 8
*10 额极区	07	0.67±0.14	0.68±0.16	−0.318 8	0.750 5
*46 背外侧前额叶	08	0.70±0.06	0.63±0.15	3.659 8	0.000 4 △
45 布洛卡三角区	09	0.48±0.22	0.52±0.19	−0.783 8	0.435 0
*10 额极区	10	0.64±0.10	0.64±0.10	−0.268 4	0.788 9
*10 额极区	11	0.69±0.06	0.7±0.03	−0.676 8	0.500 0
*10 额极区	12	0.69±0.07	0.69±0.08	0.239 4	0.811 3
*46 背外侧前额叶	13	0.65±0.08	0.62±0.11	1.524 7	0.130 4
*46 背外侧前额叶	14	0.58±0.14	0.56±0.17	0.433 6	0.665 5
*10 额极区	15	0.51±0.19	0.56±0.18	−1.173 5	0.243 3
*10 额极区	16	0.68±0.05	0.69±0.07	−0.939 1	0.349 9
*11 眶额区	17	0.48±0.21	0.43±0.22	0.936 4	0.351 3

续表

布罗德曼分区	通道编号	节点效率 平均值±方差		t 值	p 值
		NUB	EUB		
＊46 背外侧前额叶	18	0.57±0.15	0.55±0.19	0.660 9	0.510 1
＊11 眶额区	19	0.50±0.18	0.52±0.19	−0.394 8	0.693 8
＊11 眶额区	20	0.58±0.14	0.62±0.13	−1.279 7	0.203 5
＊11 眶额区	21	0.47±0.19	0.51±0.20	−0.903 7	0.368 2
＊11 眶额区	22	0.44±0.20	0.48±0.18	−0.827 8	0.409 7

注：＊表示感兴趣区域；

△ 表示结果通过双样本 t 检验（$p<0.05$）。

小世界分析结果显示在图 3.11 中，本研究发现 NUB 和 EUB 前额叶皮层脑网络的小世界属性参数 γ[图 3.11(a)]、λ[图 3.11(b)]和 σ[图 3.11(c)]都随着稀疏性阈值的增加而下降。此外，NUB 和 EUB 的前额叶皮层脑网络小世界属性参数 λ 均大于 1，且 γ 接近于 1（$\sigma>1$），这表明 NUB 和 EUB 的静息态前额叶皮层脑网络都表现出小世界属性。

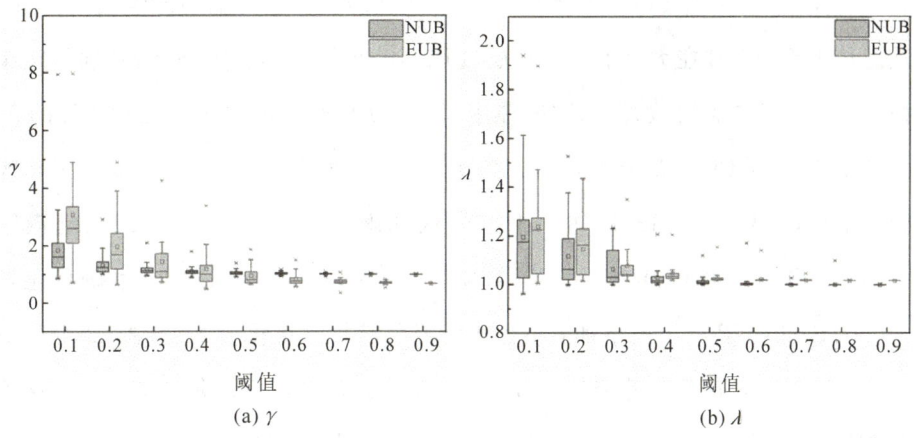

(a) γ (b) λ

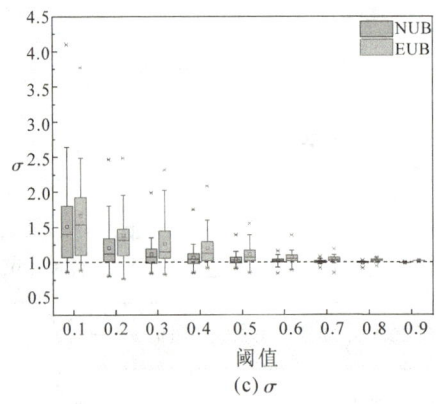

扫码查看彩图

(c) σ

图 3.11 NUB 与 EUB 脑网络的小世界属性比较

3.4 煤矿工人人因失误倾向者脑功能连接特征实验结果讨论

本章采用了 fNIRS 静息态测量方法,测量并识别了一般煤矿工人(NUB)和煤矿工人人因失误倾向者(EUB)在前额叶皮层(PFC)脑区的功能连接和脑网络指标差异。总的来说,本章的研究结果表明,作为一种新的研究手段,fNIRS 脑功能连接和脑网络分析能够从脑科学的角度探索煤矿工人人因失误倾向的内在神经心理学机制。对于每位被试者,本书记录了其在连续 5 min 内大脑前额叶皮层(PFC)区域的 fNIRS 数据,并应用带通滤波消除了生理噪声。

首先,本书应用 COR 指标区分了 NUB 和 EUB 之间脑功能连接的差异。从总体上看,EUB 在大脑前额叶皮层(PFC)上的连通性高于 NUB,特别是在额极区和背外侧前额叶皮层。此外,使用双样本 t 检验分析了 NUB 和 EUB 的 22×22 通道上的 COR 差异矩阵($p<0.05$)。结果显示,NUB 和 EUB 在额叶区和眶额区(CH15 - CH22)、布洛卡三角区和眶额区(CH09 - CH22)、眶额区(CH21 - CH22)的 COR 具有显著差异($p<0.05$)。在此基础上,本研究还发现,NUB 和 EUB 的脑网络都表现出小世界的特性。更重要的是,在 22 个通道中,只有 CH08(属于背外侧前额叶皮层)通过了双样本 t 检验($p<0.05$),这表明 NUB 和 EUB 的大脑网络在 CH08 中表现出明显的差异。

3.4.1 皮尔逊相关系数特征

1. COR 连接强度差异

关于 NUB 和 EUB 的连接模式,本章的研究结果表明,在被试者大脑前额叶皮层中,EUB 的额极区和背外侧前额叶皮层的静息态功能连接性更强。在认知神经科学领域内已有研究证明,执行功能和选择性注意与背外侧前额叶皮层有关,而多任务处理能力与额极区相关[252-255]。因此,可以推断,相较于 NUB,EUB 的执行功能、选择性注意和多任务处理能力之间的联系更加紧密。

以往的研究已经表明,随着认知负荷的增加,PFC 的血流动力学活动水平增加,脑功能连接(COR)增强[107]。严重的抑郁症表现与背外侧前额叶皮层的动态 RSFC 增加有关[256]。冲动特质与背外侧前额叶皮层内功能连接的增加有关[257]。上述这些研究结果与本书的研究一致,通常有抑郁症、冲动或有过高认知负荷的煤矿工人往往更容易发生不安全行为。

本书的 fNIRS 样本数据表明,人因失误倾向煤矿工人的神经生理表现为,抑郁、冲动或高认知负荷等个人特质。这些个人特质都有可能引起 SA 下降或失效,进而引发不安全行为/人因失误。由此,本研究的实验结果表明,煤矿工人人因失误倾向者,其前额叶皮层的功能连接特征与一般煤矿工人间存在一定的差异。

有趣的是,Guillermo Borragán 探讨了在高睡眠压力的情况下,经认知疲劳诱导后,个体的持续注意力会降低并导致左前额皮质区域之间功能连接减少[137]。本书的实验结果与之不一致的可能原因是,Guillermo Borragán 的实验是在特殊条件下进行的(整晚睡眠不足后),而本书的实验是在充足睡眠后的中午进行的。

2. COR 矩阵 t 检验差异

在两组被试者静息态 22×22 通道 COR 矩阵的比较中,CH15-CH22(p=0.002 325),CH09-CH22(p=0.021 02)和 CH21-CH22(p=0.028 88)通过了 95% 置信区间下的双样本 t 检验。换句话说,NUB 和 EUB 在上述三组通道之间的大脑功能连接上存在着明显的差异。

具体来说,CH15-CH22代表额叶区和眶额区之间的功能连接,CH09-CH22代表布洛卡三角区和眶额区之间的功能连接,CH21-CH22代表眶额区内部的功能连接。如前文所述,背外侧前额叶皮层、额极区和眶额区共同作用于中央执行功能[258]。此外,这些脑区还负责反应执行、记忆提取和情绪评估等系统,并与社交化、感知、注意力和决策有关[22,228]。布洛卡三角区与语义判断有关[259]。由此可以合理地推断,NUB 和 EUB 在反应执行、记忆提取以及情感、社会化、感知、注意力、决策和语义判断方面存在差异。

结合本课题组在陕煤集团 H 公司的实地访谈与调研,煤矿工人人因失误倾向者大多注意力不集中、反应和执行能力差、情绪不稳定。由此可见,本研究的实验结果与煤矿工人的实际行为表现是一致的,即煤矿工人人因失误倾向者的个人特质为注意力不集中、反应和执行能力差以及情绪不稳定。这些个人特质将引起 SA 下降或失效,进而引发不安全行为/人因失误。

3.4.2 脑网络参数特征

在此基础上,本研究分析了 NUB 和 EUB 的脑网络差异。结果显示,在不同的阈值下,两组的全局效率、局部效率、聚类系数、特征路径长度等参数的变化趋势与以往研究一致,没有统计学上的差异[151,251]。此外,本研究分别计算了 NUB 和 EUB 的脑网络的小世界属性,结果均大于 1,表示两组样本的静息态脑网络数据均具有小世界属性,即两组煤矿工人的脑网络都具备较高的网络效能。

值得注意的是,双样本 t 检验的结果显示,只有 CH08(背外侧前额叶皮层)的聚类系数、节点效率和局部节点效率都通过了显著性检验($p<0.05$)。目前,已有学者应用实验证明了聚类系数具有极高的统计学信度[215]。以往的认知神经科学相关研究表明,背外侧前额叶皮层与执行功能中的注意力控制有关[260]。较高的聚类系数代表了相邻节点之间连接强度的增加和本地信息处理率的提高,即代表了局部脑区的高工作效率[261]。此外,还有研究表明,较高的大脑网络聚类与卓越的工作记忆能力有关[262]。因此,可以合理地推断,与煤矿工人人因失误倾向者相比,一般煤矿工人具有更强的注意力控制和更好的工作记忆的

个人特质,以确保其工作安全。

3.5 本章小结

本章对陕煤集团 H 公司 106 名煤矿工人进行了 fNIRS 静息态实验研究,分析了煤矿工人人因失误倾向者和一般煤矿工人的脑功能连接特征。

(1)研究证实了具有人因失误倾向性的煤矿工人和一般煤矿工人在大脑功能连接方面存在差异。一方面,NUB 和 EUB 的 COR 分析结果在额叶区、眶额区和布洛卡三角区之间有显著差异。另一方面,脑网络分析结果显示,背外侧前额叶皮层的聚类系数、节点效率和节点局部效率存在明显差异。

(2)根据煤矿工人人因失误倾向者和一般煤矿工人的脑功能连接结果的神经生理表现与认知神经科学的相关研究结果,可以推断煤矿工人人因失误倾向者的个人特质为:抑郁、冲动和高认知负荷;较弱的注意力控制能力、反应能力、执行能力和情绪稳定能力;较弱的工作记忆能力等。

(3)本章实验结果表明,煤矿工人人因失误倾向者的个人特质有可能导致 SA 减弱或失效,进而引发不安全行为/人因失误。因此,fNIRS 功能连接用于揭示具有人因失误倾向特质的煤矿工人情景意识内在认知神经机制是可行且有效的。

 4 轮班工作对煤矿工人 fNIRS 脑功能连接的影响

4.1 实验目的

在以煤炭行业为代表的现代工业中,工人需要在 24 h 内交替上早班、午班和夜班(三班倒),以保证公司生产的正常运行。《2020 煤炭行业发展年度报告》显示,目前我国有超过 200 万名大型煤炭企业从业人员[263]。然而,轮班工作不仅有损轮班煤矿工人的身心健康,同时也降低了他们的工作效率和个人幸福感[264-265]。缺乏适当或规律的睡眠会降低煤矿工人的 SA 甚至使其 SA 失效,影响轮班矿工的警觉性、反应时间、眼手协调和注意力以及其他认知功能,导致疲劳、工作绩效下降、不安全行为/人因失误,并引发事故[266-269]。据统计,中国大约有二分之一的重大事故都是发生在煤矿,而这些事故的发生原因有 95% 是人为因素,特别是不安全行为/人因失误[7,37]。这些轮班煤矿工人岗前岗后 SA 的认知神经生理表现有何特征?早班、午班、夜班轮班煤矿工人岗前岗后 SA 的认知神经生理表现是否具有显著差异?由此,为揭示轮班煤矿工人轮班工作岗前岗后情景意识的内在认知神经机制,加强煤矿企业的安全管理,保护煤矿工人的身心健康,有必要采用脑科学的研究手段对轮班煤矿工人岗前岗后的认知表现进行研究[270]。

认知功能,如执行功能、工作记忆、注意力和信息处理速度是个体 SA 的神经生理表现,同时也是个体安全工作的重要保证[271-272]。实验室研究结果表明,护士、医生、矿工和石化行业控制室操作员的认知功能下降(SA 下降或失效)与轮班工作有关[271-277]。长时间的轮班工作或不规则的昼夜节律会降低轮班工作

人员的精神和行为表现，如工作记忆力下降、注意力不集中、疲劳、嗜睡、睡眠质量下降、反应时间延长、警觉性降低、学习和回忆新事物的能力下降、易怒、情绪不好、沟通能力下降等[265,271-272,274,278]。这些不良精神状态和不良身体状态都有可能引发 SA 下降或失效，进而导致风险和不安全行为/人因失误，从而引起事故[270,272,274,278]。此外，也有研究表明，从事轮班工作时间越长的轮班工作人员与刚接触轮班工作的轮班工作人员相比，其神经心理学表现越差[271]。

近年来，越来越多的学者关注到轮班工作对煤矿工人认知功能的影响。Glenn Legault 总结了睡眠剥夺、轮班工作和热暴露对矿工的影响，并结合客观测量（活动记录器）和主观测量（卡洛琳嗜睡量表和埃普沃思嗜睡量表）来衡量轮班工作对矿工的认知影响[273,279]。Sally A. Ferguson 调查了工作和睡眠相关因素对矿工现实环境工作时反应时间的影响[280]。Rebecca Jane Loudoun 发现轮班工作、年龄和工作中缺乏控制会增加矿工的睡眠问题[281]。Yu Haimiao 应用反应时测试和心理疲劳评估量表测量了白班和夜班煤矿工人精神疲劳的差异[282]。Camila Pizarro-Montaner 分析了高海拔地区煤矿倒班工人的睡眠质量和体力活动[283]。基于匹兹堡睡眠质量指数，Zhao Xiaochuan 研究了轮班工作对矿工睡眠和认知功能的影响[284]。Lavigne Andrée Ann 应用活动记录器和警觉性量表评估了井下矿工在长期延长轮班时间后的睡眠和警觉性的变化[285]。

然而，大多数学者都是基于行为实验、心理测试与心理量表、问卷调查和可穿戴设备等主观和/或行为测量研究方法来探讨轮班工作对认知功能的影响[36,271,273,286-287]。尚未有学者运用脑科学的研究手段，探寻轮班煤矿工人的 SA 特征。主观测量高度依赖于被试者的自我意志和对其认知状态的认识[288]。行为测量所提供的信息范围有限，可能会干扰任务的执行，从而诱发额外的负荷[289]。与主观和行为测量相比，神经心理学测量作为一种可靠的定量评估可以被引入用来进一步探讨轮班工作对认知功能的影响，例如 fNIRS 静息态测量。近年来，fNIRS 被认为是一种新兴的成像技术，可以以安全、经济、舒适、便携的方式来研究安全问题[152,203,290]。在神经科学中，PFC 是公认的人类认知功能的关键脑区[22]。fNIRS 的 RSFC 已被证明是评估和监测疲劳、脑力负荷、警觉性、持续注意力和错误识别等认知状态的一种新颖而先进的指标[291]。

因此,为了充分了解轮班工作制度下煤矿工人 SA 认知功能的认知神经学机制,本章对陕煤集团 H 公司的 54 名轮班煤矿工人的前额叶皮层进行了 fNIRS 静息态数据采集,并在实际工作中检测这些煤矿工人早班、午班、夜班三班岗前岗后的大脑功能连接特征,从脑科学的角度揭示三班制煤矿工人 SA 认知功能变化规律。

4.2 静息态数据采集及预处理

4.2.1 研究对象

1.研究样本与三班轮班煤矿工人定义

本书从陕煤集团 H 公司随机选取了 60 名轮班煤矿工人参与本实验。在排除了头部剧烈运动等不良数据后,本实验获得了 54 名轮班矿工的岗前岗后 fNIRS 数据。其中,17 名轮班矿工为早班工人(8:00—16:00),18 名轮班矿工为午班工人(16:00—24:00),19 名轮班矿工为夜班工人(24:00—8:00)。

虽然轮班矿工的工作时间是每天 8 h,但轮班矿工们需要在岗前 2 h 到达现场,准备参加班前会,更换井下装备,乘坐班车下井;岗后还要开班后会,洗澡,更换衣服。因此,每位轮班矿工每天的工作时间均在 10 h 以上。为了不影响轮班矿工的正常工作,本实验选择在班前会之前进行岗前实验,在矿工上井洗漱后进行岗后实验。

方便起见,本书将早班工人定义为第 1 组,午班工人定义为第 2 组,夜班工人定义为第 3 组。其中,早班岗前为 B1,早班岗后为 A1;午班岗前为 B2,午班岗后为 A2;夜班岗前为 B3,夜班岗后为 A3。

2.实验条件与被试者信息

本实验煤矿工人的人口学信息详见表 4.1 和表 4.2。被试者的平均年龄为

36.06 岁,平均身高为 172.63 cm,平均体重为 69.93 kg。所有的被试者都是右利手,并且没有神经系统疾病或精神障碍的病史。此外,被试者被要求在实验前 24 h 禁止饮酒或食用其他含咖啡因等敏感成分的食品。在 5 min 的 fNIRS 静息态实验中,被试者被要求保持头部不晃动且清醒地盯着屏幕中央的十字。在整个实验过程中,实验室的光线和温度都保持不变。

表 4.1　54 名煤矿工人的人口统计学资料

	项目	工龄/年	身高/cm	年龄/岁	体重/kg	婚姻状态	教育水平
平均值±方差	总样本 ($n=54$)	9.91±7.81	172.63±4.71	36.06±7.42	69.93±8.36	—	—
	第 1 组 ($n=17$)	10.29±6.72	174±4.78	36.8±6.77	69.4±7.99	—	—
	第 2 组 ($n=18$)	11.9±8.39	171.78±3.41	37.5±7.61	71.9±5.36	—	—
	第 3 组 ($n=19$)	7.68±7.33	171.42±4.86	34±7.13	68.5±10.2	—	—
卡方检验	χ^2	577.785	306.464	102.72	99.392	38.096	170.959
	p_1	0.92	0.34	0.903	0.924	0.086	0.417
单因素方差检验	p_2	0.704	0.316	0.542	0.132	0.038Δ	0.019Δ
	F	0.788	1.215	0.724	1.959	4.519	3.246

注:Δ 表示结果通过单因素方差检验($p<0.05$)。

表 4.2　54 名煤矿工人的婚姻状态和学历水平统计

项目		总样本 ($n=54$)		第 1 组 ($n=17$)		第 2 组 ($n=18$)		第 3 组 ($n=19$)	
		样本量	百分比/%	样本量	百分比/%	样本量	百分比/%	样本量	百分比/%
婚姻状态	离异	48	88.9	16	94.1	17	94.4	15	78.9
	已婚	6	11.1	1	5.9	1	5.6	4	21.1
	未婚	4	7.4	1	5.9	2	11.1	1	5.3
教育水平	本科	12	22.2	5	29.4	3	16.7	4	21.1
	大专	27	50.0	5	29.4	11	61.1	11	57.9
	高中	1	1.9	1	5.9	0	0.0	0	0.0
	初中	10	18.5	5	29.4	2	11.1	3	15.8

实验前,所有被试者都被充分告知本实验项目的内容。所有实验程序都遵循西安科技大学人类伦理委员会的规定,并符合 1975 年《赫尔辛基宣言》的伦理标准。

本实验的实验系统和实验步骤与实验一相同。

4.2.2　数据采集

1. fNIRS 设备技术参数

在这项研究中,血液动力学反应是由 fNIRS 系统(LABNIRS;岛津公司,日本京都)测量的,采样频率为 7.407 4 Hz。

2. 感兴趣脑区

如图 4.1 所示,该系统配备了 7 个光源和 8 个探测器,以两种不同的波长(690 nm 和 830 nm)发射光,以界定覆盖 PFC 的 22 个通道。一对光源和探测器之间的距离是 30 nm。为了确保 fNIRS 定位的准确性,探测器 7 垂直于鼻尖放置,与眉毛齐平。

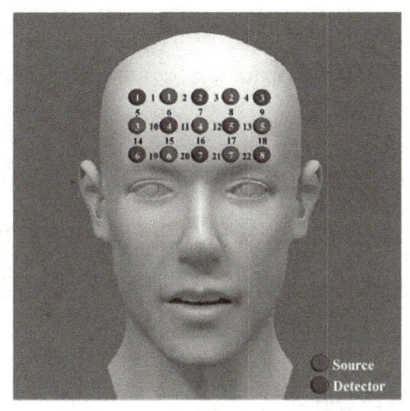

(a)22个fNIRS通道的位置示意图

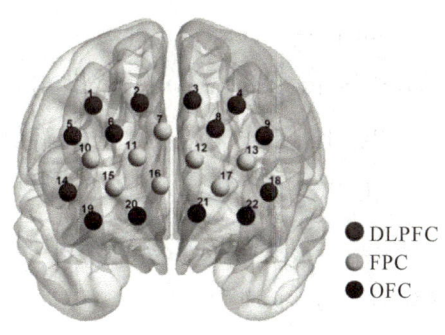

(b)正面脑图的22个通道定位

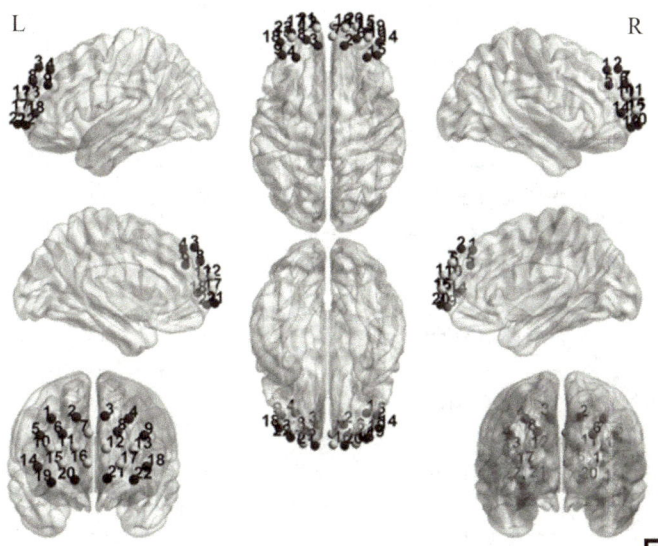

(c)不同视角脑图的22个通道定位

图 4.1　通道位置示意图

扫码查看彩图

3. 通道定位数据采集

实验结束后,所有 fNIRS 通道的位置都是用 3D 定位系统(FASTRAK;Polhemus,USA)测量的。该系统的原点为下巴中心,鼻翼(nasion,Nz)、右耳前点(right preauricular points,AR)、左耳前点(left preauricular points,AL)和中央零点(central zero,Cz)为四个参考点[292]。

根据上述原点和四个参考点,得到 15 个 fNIRS 光源和探测器的放置位置。使用 MATLAB 工具箱 NIRS-SPM[136],根据光源和检测器的位置计算出 22 个 fNIRS 通道的坐标。如表 4.3 所示,22 个通道的估计平均位置是根据布罗德曼区域的解剖学信息得到的。

表 4.3 22 个 fNIRS 通道的平均定位

通道	布罗德曼分区	MNI 坐标			概率
		x	y	z	
CH01	9 背外侧前额叶	34	45	43	0.857 14
CH02	9 背外侧前额叶	14	55	44	1.000 00
CH03	9 背外侧前额叶	−9	55	45	1.000 00
CH04	9 背外侧前额叶	−28	45	43	0.904 98
CH05	46 背外侧前额叶	43	47	30	0.604 44
CH06	46 背外侧前额叶	25	61	31	0.358 87
CH07	10 额极区	4	63	32	0.753 57
CH08	9 背外侧前额叶	−19	60	33	0.449 39
CH09	46 背外侧前额叶	−40	47	30	0.675 44
CH10	10 额极区	35	62	20	0.513 73

续表

通道	布罗德曼分区	MNI 坐标			概率
		x	y	z	
CH11	10 额极区	15	70	21	1.000 00
CH12	10 额极区	−10	70	20	1.000 00
CH13	10 额极区	−32	62	19	0.515 38
CH14	46 背外侧前额叶	45	58	6	0.591 44
CH15	10 额极区	25	71	8	0.835 02
CH16	10 额极区	5	72	9	1.000 00
CH17	10 额极区	−21	71	8	0.883 72
CH18	46 背外侧前额叶	−42	58	6	0.603 11
CH19	11 眶额区	34	67	−6	0.596 49
CH20	11 眶额区	15	73	−4	0.522 29
CH21	11 眶额区	−11	73	−3	0.470 00
CH22	11 眶额区	−32	66	−4	0.514 08

与以前的研究一致,PFC 被选为本书的 ROI,包括背外侧前额叶皮层(dlPFC)(CH01、CH02、CH03、CH04、CH05、CH06、CH08、CH09、CH14 和 CH18),额叶皮层(FPC)(CH07、CH10、CH11、CH12、CH13、CH15、CH16 和 CH17)以及眶额皮层(OFC)(CH19、CH20、CH21 和 CH22)[22,228]。

4.2.3 数据预处理

在本书中,整个实验过程中记录的 fNIRS 信号在 MATLAB 中使用自编脚本进行分析。

(1) 应用带通滤波器(0.02 Hz～0.1 Hz)对呼吸、心脏搏动和头动造成的高频噪声进行滤波和降噪[137,212,215]。

(2) 对原始信号进行离散小波变换以减少头部运动和表面噪声[240]。

(3) 采用差分路径长度因子的平均值(DPF$_{mean}$=6.53±0.99)[239]。

(4) 使用修正的比尔-朗伯茨定律来处理信号的光强度,并计算出血液动力学反应[201]。

与以前的研究一致,本书选择氧合血红蛋白信号作为研究对象[217,243]。

4.2.4 功能连接数据处理

根据以往的研究,本书选择 COR 作为本实验的 fNIRS 功能连接数据分析指标。为了进一步解释早班、午班、夜班煤矿工人岗前和岗后的功能连接差异,对 COR 矩阵进行了二进制转换。与之前的研究类似,设定阈值为 0.7。本书定义,当 COR>0.7 时,COR=1;否则 COR=0[290]。采用配对 t 检验来比较三组轮班煤矿工人岗前岗后的情况。由于统计检验是对 22 个网络独立进行的,因此采用了错误发现率(FDR)校正来消除多重比较问题($q<0.05$)[245]。所有的统计计算均由 SPSS 26.0 进行($p<0.05$)。

为了进一步量化复杂网络分析的功能连接,采用图论的方法比较了三组轮班煤矿工人岗前和岗后 22×22 通道之间的静息态功能连接的拓扑特性[151,250]。本书选择的脑网络分析指标包括:聚类系数(C_{net})、全局效率(E_{global})、局部效率(E_{loc})、最短特征路径(L_p)、中介中心性(B_c)和小世界网络属性(σ)。这些参数是由 MATLAB 上的 GRETNA 工具箱计算的[293]。根据以前的研究,采用了一系列的连续阈值 T, $T \in (0.1:0.1:0.9)$,来构建脑网络[154,217]。生成 100 个匹配的随机网络来计算真实大脑功能网络之间的上述参数的比率[249-250]。采用配对 t 检验确认三组轮班煤矿工人工作前后的差异($p<0.05$)。

4.3 轮班工作对煤矿工人脑功能连接影响的实验结果

4.3.1 人口统计学结果

表 4.1 说明了 54 名煤矿工人和早、午、晚班三组轮班煤矿工人的人口统计信息。总的来说,卡方检验显示,三组轮班煤矿工人的人口统计信息没有显著差异。如表 4.1 所示,所有被试者的平均工作年限约为 10 年(9.91±7.81),平均身高为 172.63 cm(172.63±4.71),平均年龄为 36 岁(36.06),平均体重接近 70 kg(69.93±8.36)。

单因素方差分析的结果显示,轮班煤矿工人的大脑功能连接在不同婚姻状况($p=0.038$)和教育信息($p=0.019$)之间存在着显著差异。然而,轮班煤矿工人的脑功能连接与各亚组的平均工龄、身高、年龄和体重之间没有显著差异。

表 4.2 展示了 54 名轮班煤矿工人和三个亚组的婚姻状况和教育信息。在本实验中,90% 以上的轮班煤矿工人中都是已婚,其中一半以上是高中毕业。

4.3.2 皮尔逊相关系数和 t 检验结果

图 4.2 展示了三组轮班煤矿工人岗前和岗后的平均 COR 对比。其中红色代表岗后,蓝色表示岗前,横线为平均值。如图 4.2 所示,三组轮班煤矿工人岗前岗后的平均 COR 值都具有显著差异($p<0.001$)。其中,第 1 组的平均 COR 值从岗前($\overline{COR_{B1}}=0.6096$)下降到岗后($\overline{COR_{A1}}=0.52895$)。第 2 组的平均 COR 值在岗前($\overline{COR_{B2}}=0.6112$)和岗后($\overline{COR_{A2}}=0.5234$)之间也有相应的降低。与第 1 组和第 2 组不同,第 3 组的平均 COR 从岗前($\overline{COR_{B3}}=0.4932$)到岗后($\overline{COR_{A3}}=0.5384$)有所增加。综合三组轮班煤矿工人岗前岗后的六种状态,将平均 COR 从高到低进行排序为:$\overline{COR_{B2}}$,$\overline{COR_{B1}}$,$\overline{COR_{A3}}$,$\overline{COR_{A1}}$,$\overline{COR_{A2}}$,$\overline{COR_{B3}}$。

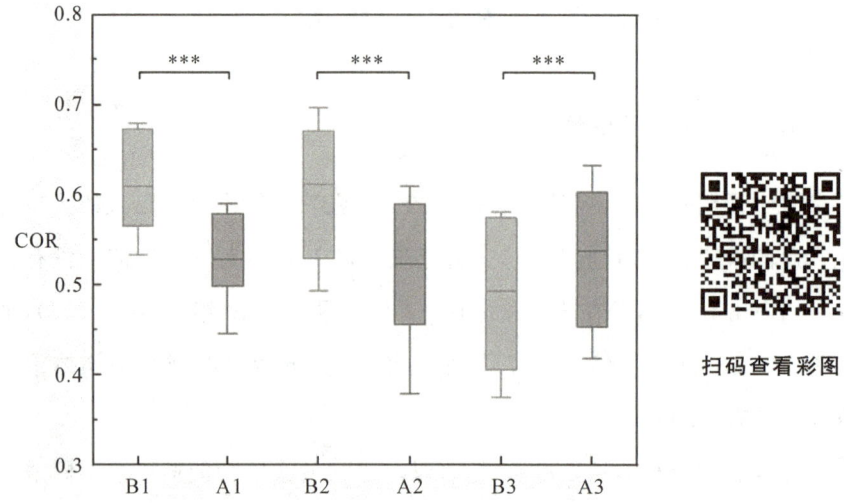

图 4.2 三组煤矿工人在轮班工作前后的平均 COR 的比较

注：＊＊＊表示结果通过配对 t 检验（$p<0.001$）。

图 4.3、图 4.4 和图 4.5 分别展示了早班、午班和夜班三班轮班煤矿工人岗前岗后 22×22 通道的相关系数矩阵和每个班次岗前岗后的脑功能连接配对 t 检验结果（$p<0.05$）。每个网格表示一对通道的相关系数（COR∈[0,1]）。

COR 表示一对通道之间的相关程度。如果 COR→1,则这个通道对之间的激活有明显的相关关系。如图例所示,网格越红表示一对通道的相关性越强,网格越蓝则表示该对通道之间的相关性越弱。总的来说,三组轮班煤矿工人岗前岗后 COR 矩阵之间都具有显著差异。

从图 4.3 中可以看出,B1 的功能连接大于 A1 的功能连接（$p<0.05$）。也就是说,与岗前相比,第 1 组的前额叶功能连接在岗后明显下降。这些差异通道组主要集中在如下四类。

(1)背外侧前额叶皮层（dlPFC）内的功能连接：CH01 - CH05（$p=0.028\ 5$）,CH06 - CH08（$p=0.035\ 9$）。

(2)背外侧前额叶皮层（dlPFC）和额叶皮层（FPC）的功能连接：CH04 - CH10（$p=0.030\ 4$）,CH04 - CH11（$p=0.013\ 4$）,CH04 - CH12（$p=0.044\ 6$）,

CH08-CH10($p=0.0367$),CH08-CH11($p=0.0155$),CH08-CH12($p=0.0113$),CH08-CH13($p=0.0357$),CH08-CH16($p=0.0389$)。

(3)dlPFC与眶额皮层(OFC)的功能联系:CH04-CH20($p=0.0177$),CH06-CH21($p=0.036$)。

(4)OFC内部的功能连接。CH20-CH21($p=0.0124$),CH20-CH22($p=0.0226$),CH22-CH21($p=0.0488$)。

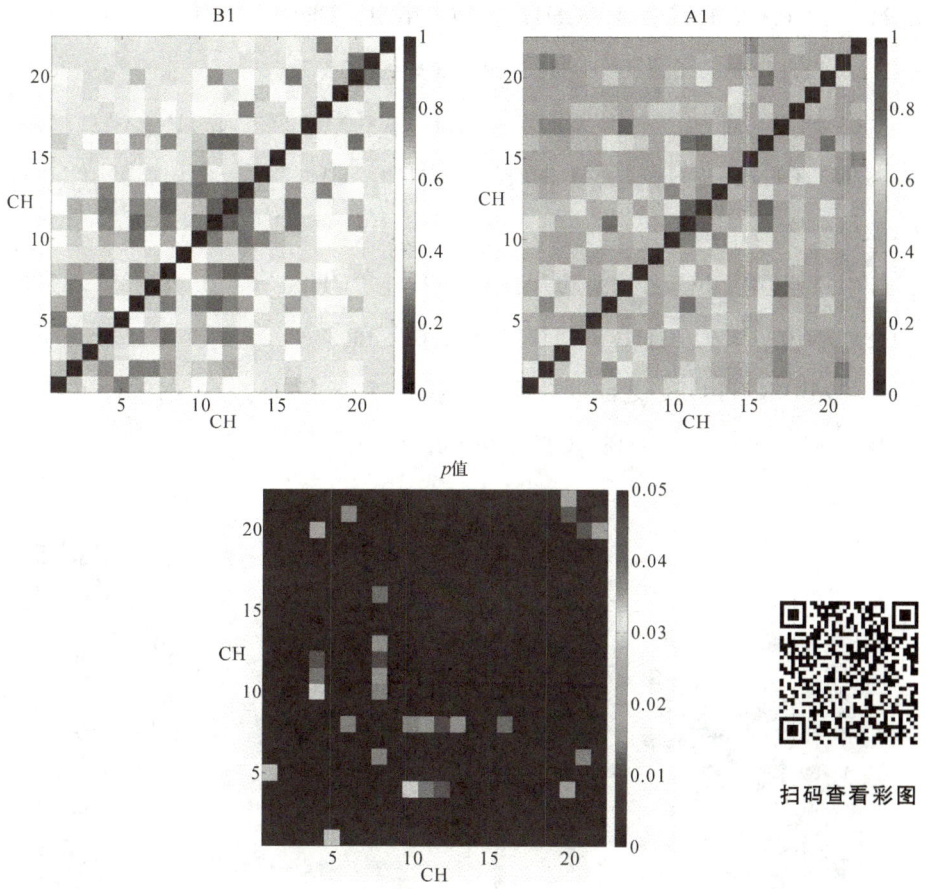

图 4.3 第 1 组(早班)煤矿工人的功能连接矩阵和每两个通道之间的 p 值($p<0.05$)

与第1组相似,图 4.4 显示 B2 的功能连接也大于 A2($p<0.05$)。相较于第1组,配对 t 检验结果显示,第2组轮班煤矿工人的脑功能连接在岗前岗后差异更大。具体来说,这些差异通道组主要集中在以下五类。

(1) dlPFC 内部功能连接:CH02 − CH08($p=0.014\ 8$),CH04 − CH05($p=0.039\ 4$),CH04 − CH09($p=0.028\ 6$)。

(2) dlPFC 和 FPC 之间的功能连接:CH02 − CH17($p=0.012\ 6$),CH03 − CH17($p=0.025\ 1$),CH04 − CH17($p=0.018\ 1$),CH07 − CH14($p=0.040\ 9$),CH08 − CH17($p=0.023\ 5$),CH12 − CH14($p=0.018\ 7$)。

(3) FPC 内部功能连接:CH07 − CH17($p=0.002\ 3$),CH10 − CH17($p=0.033\ 3$),CH12 − CH17($p=0.021\ 9$),CH13 − CH17($p=0.004\ 0$),CH13 − CH21($p=0.037\ 0$)。

(4) FPC 与 OFC 之间的功能连接:CH07 − CH20($p=0.031\ 3$),CH11 − CH21($p=0.041\ 9$),CH12 − CH21($p=0.014\ 1$)。

(5) dlPFC 和 OFC 之间的功能连接:CH02 − CH21($p=0.018\ 8$),CH14 − CH21($p=0.031\ 1$),CH18 − CH21($p=0.006\ 9$)。

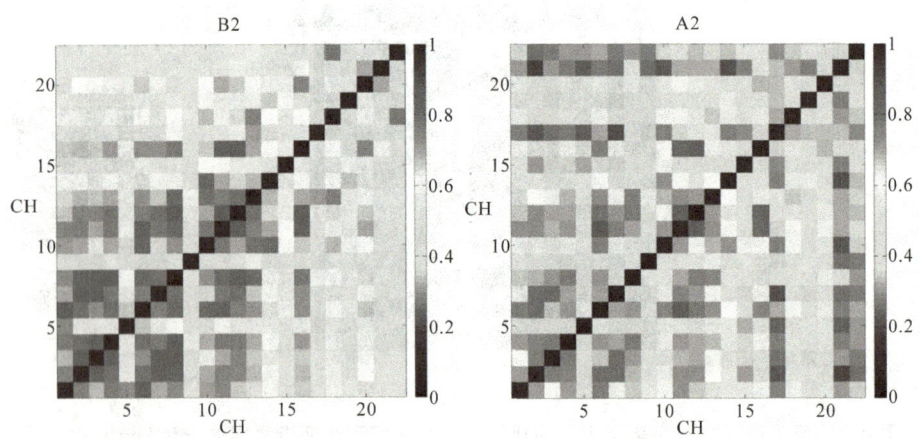

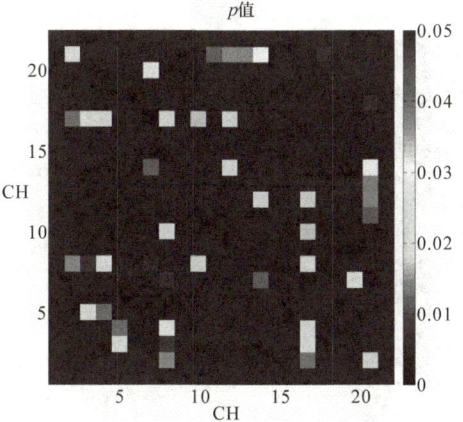

扫码查看彩图

图 4.4 第 2 组(午班)煤矿工人的功能连接矩阵和每两个通道之间的 p 值($p<0.05$)

与上述两组相比,图 4.5 显示,在第 3 组轮班煤矿工人中,B3 的功能连接少于 A3,且差异通道对数最少($p<0.05$)。这些差异通道组只有以下三类。

(1)dlPFC 和 FPC 之间的功能连接:CH02 - CH07($p=0.038\ 8$),CH03 - CH17($p=0.044\ 9$),CH06 - CH07($p=0.024\ 9$),CH07 - CH09($p=0.045\ 6$)。

(2)FPC 内部的功能连接:CH07 - CH11($p=0.013\ 2$),CH07 - CH12($p=0.007\ 6$)。

(3)dlPFC 内的功能连接:CH01 - CH04($p=0.044\ 1$)。

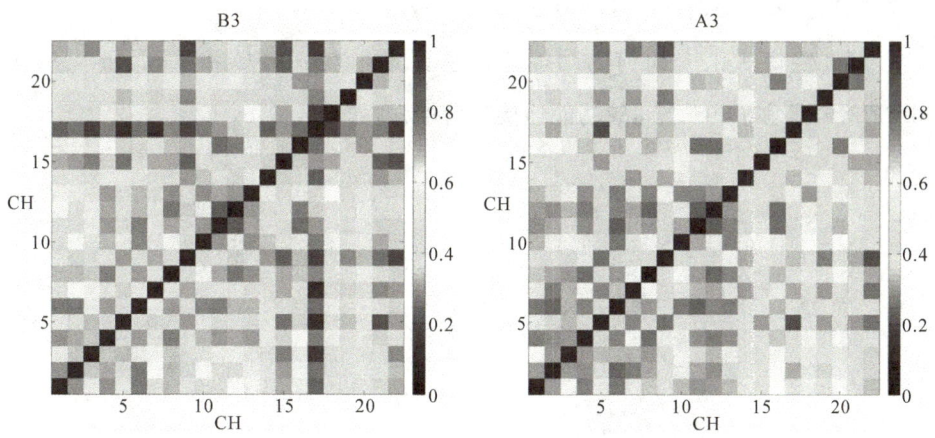

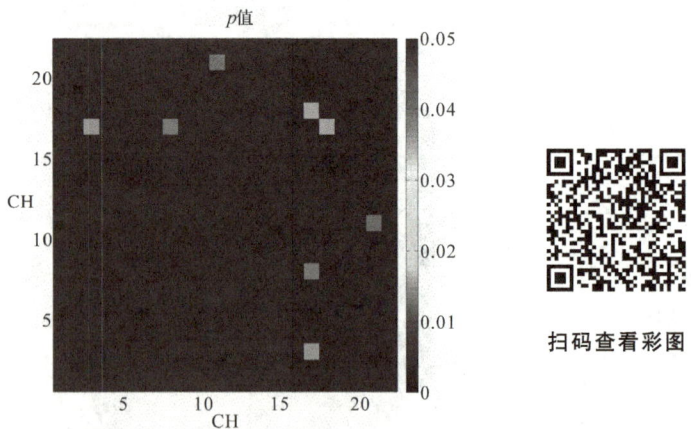

图 4.5 第 3 组(夜班)煤矿工人的功能连接矩阵和每两个通道之间的 p 值($p<0.05$)

图 4.6 为 COR∈[0.7,1]时,三组轮班煤矿工人岗前岗后的前额叶皮层功能连接脑图组,该脑图组由 BrainNet Viewer 软件生成[294]。如图所示,22 个圆圈代表 CH01 至 CH22,其中,dlPFC 为棕色,FPC 为绿色,OFC 为蓝色。通道之间的连线粗细代表 COR 的数值,连线越粗表示一对通道之间的功能连接越多。总的来说,第 1 组和第 2 组在岗后的功能连接普遍少于岗前,而第 3 组则相反。

如图 4.6(a)所示,第 1 组轮班煤矿工人在岗前时,其前额叶皮层中的 dlPFC、FPC 和 OFC 脑区之间存在功能连接,在岗后功能连接减少,只主要集中在 FPC。

第 2 组轮班煤矿工人岗前的功能连接主要集中在 dlPFC 和 FPC 之间,岗后功能连接减少,如图 4.6(b)所示。

第 3 组煤矿工人岗前的功能连接主要集中在 dlPFC 和 FPC,而岗后在 dlPFC、FPC 和 OFC 之间的功能连接有所增强,如图 4.6(c)所示。

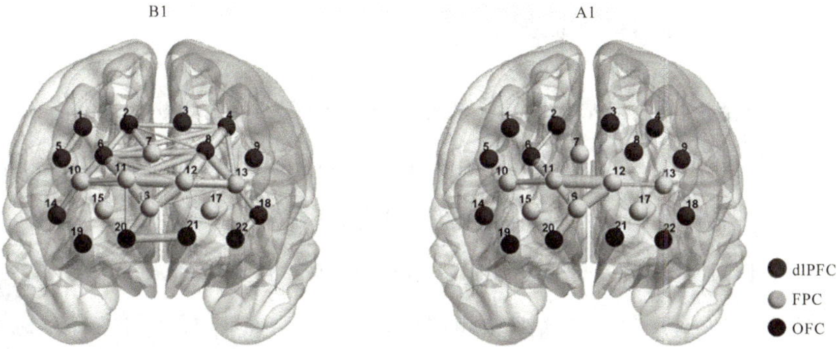

4 轮班工作对煤矿工人fNIRS脑功能连接的影响

(a)第1组

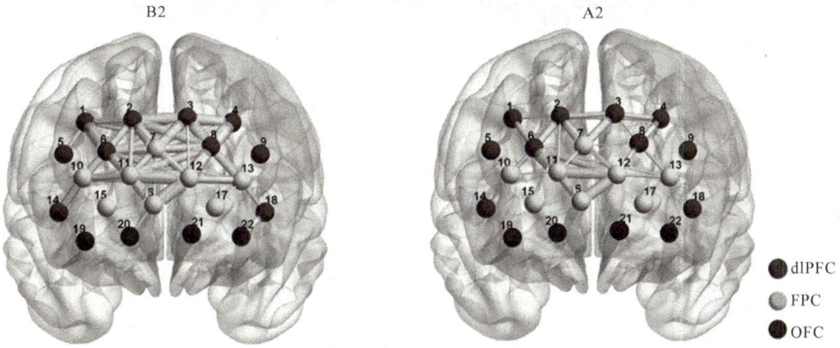

(b)第2组

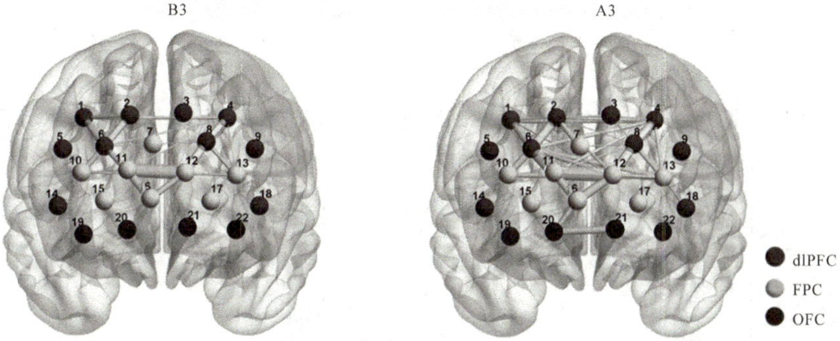

(c)第3组

图 4.6 三班轮班煤矿工人岗前岗后 COR>0.7 的通道组

扫码查看彩图

4.3.3 脑网络参数结果

对于脑网络分析,本书中设置阈值范围为(0.1:0.1:0.9)。如图4.7~图4.12所示,选择C_{net}、E_g、E_{loc}和L_p四个脑网络参数(均值±方差)来描述早班、午班、夜班三班轮班煤矿工人岗前岗后的脑网络效率。

与以前的研究一致,在上述三班轮班煤矿工人的所有试验状态下,C_{net}、E_g和E_{loc}均随着阈值的增加而增加,而L_p随着阈值的增加而减少[151,250]。这些脑网络特征的结果表明,三组轮班煤矿工人岗前岗后的PFC功能网都存在稳定的小世界属性[151,246]。

扫码查看彩图

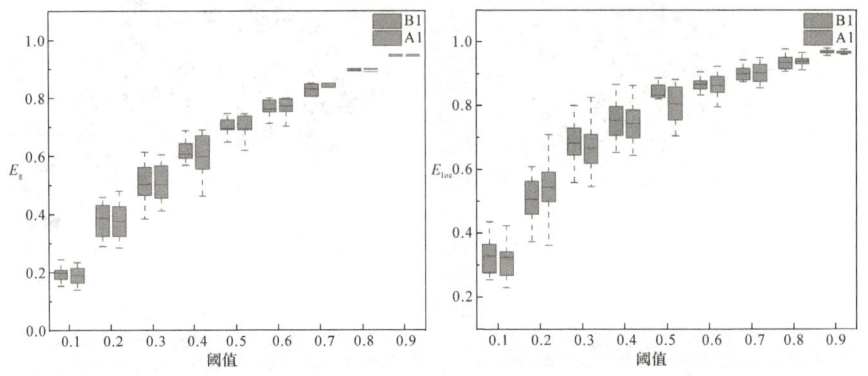

图4.7 第1组(早班)轮班煤矿工人在岗前岗后的脑网络效率(E_g和E_{loc})在不同阈值下的比较

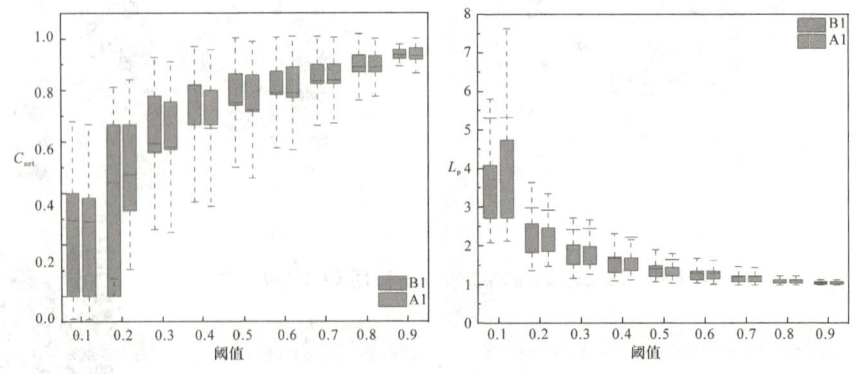

图4.8 第1组(早班)轮班煤矿工人在岗前岗后的脑网络效率(C_{net}和L_p)在不同阈值下的比较

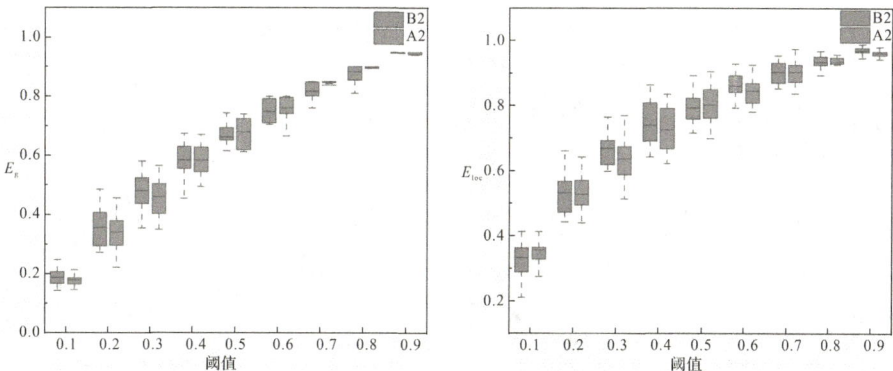

图 4.9 第 2 组(午班)轮班煤矿工人在岗前岗后的脑网络效率
(E_g 和 E_{loc})在不同阈值下的比较

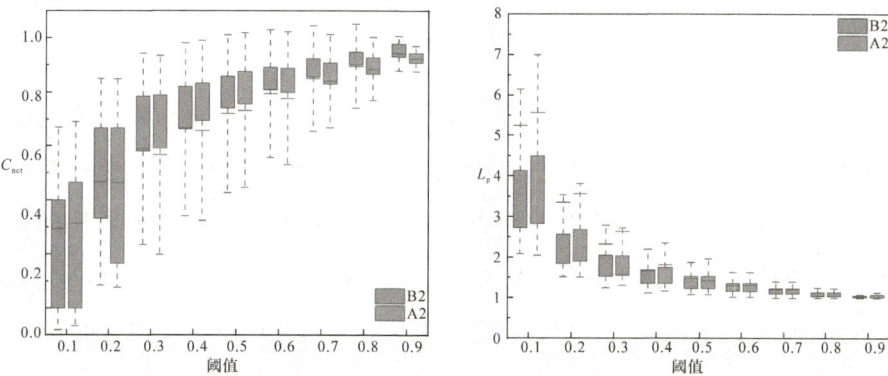

图 4.10 第 2 组(午班)轮班煤矿工人在岗前岗后的脑网络效率
(C_{net} 和 L_p)在不同阈值下的比较

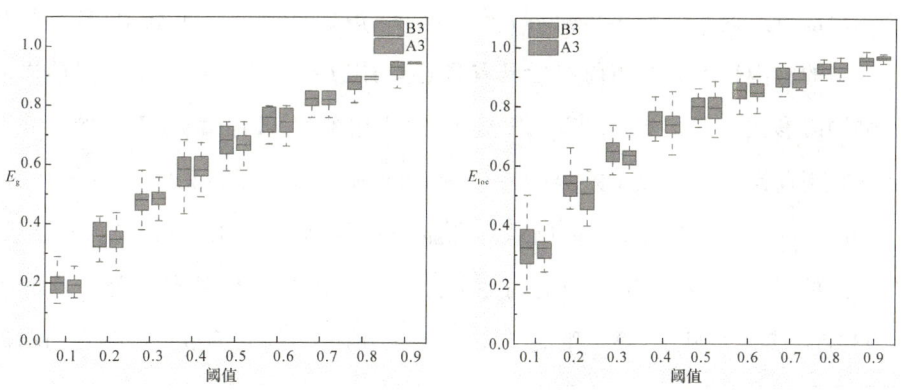

图 4.11 第 3 组(夜班)轮班煤矿工人在岗前岗后的脑网络效率
(E_g 和 E_{loc})在不同阈值下的比较

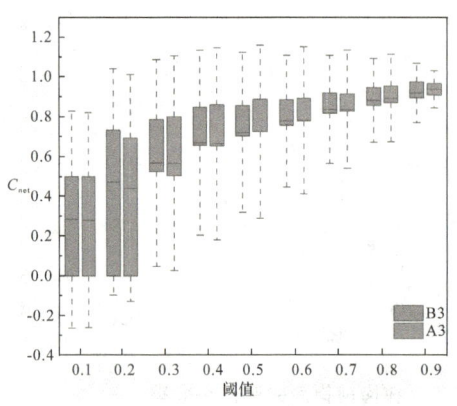 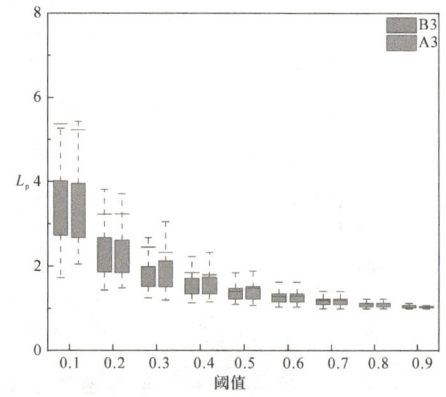

图 4.12　第 3 组(夜班)轮班煤矿工人在岗前岗后的脑网络效率
(C_{net} 和 L_p)在不同阈值下的比较

在图 4.13～图 4.15 中,小世界分析结果显示,早班、午班和夜班煤矿工人岗前岗后前额叶皮层脑网络的小世界属性参数 γ、λ 和 σ 都随着稀疏性阈值的增加而下降。此外,由于早班、午班和夜班煤矿工人岗前岗后所有状态下的前额叶皮层脑网络小世界属性参数 λ 均大于 1,且 γ 接近于 1($\sigma>1$),因此,早班、午班和夜班煤矿工人岗前岗后所有状态下的静息态前额叶皮层脑网络都表现出小世界属性。

表 4.4～表 4.7 展示了静息态状态下三组轮班煤矿工人脑网络的中介中心性和局部节点效率的差异和配对 t 检验结果($p<0.05$)。结果显示,第 1 组和第 3 组的脑网络参数在岗前岗后具有显著差异($p<0.05$),而第 2 组岗前岗后的脑网络参数并没有差异。表 4.4 显示,第 1 组的 CH15(属于 FPC)的中介中心性在岗前岗后具有显著差异($p=0.048\ 3$);表 4.5 显示,第 3 组的 CH19(属于 OFC)的中介中心性在岗前岗后具有显著差异($p=0.039\ 0$)。表 4.6 显示,第 1 组的 CH18(属于 dlPFC)的局部节点效率在岗前岗后具有显著差异($p=0.039\ 5$),表 4.7 显示,第 3 组的 CH14(属于 dlPFC)的局部节点效率在岗前岗后具有显著差异($p=0.047\ 5$)。

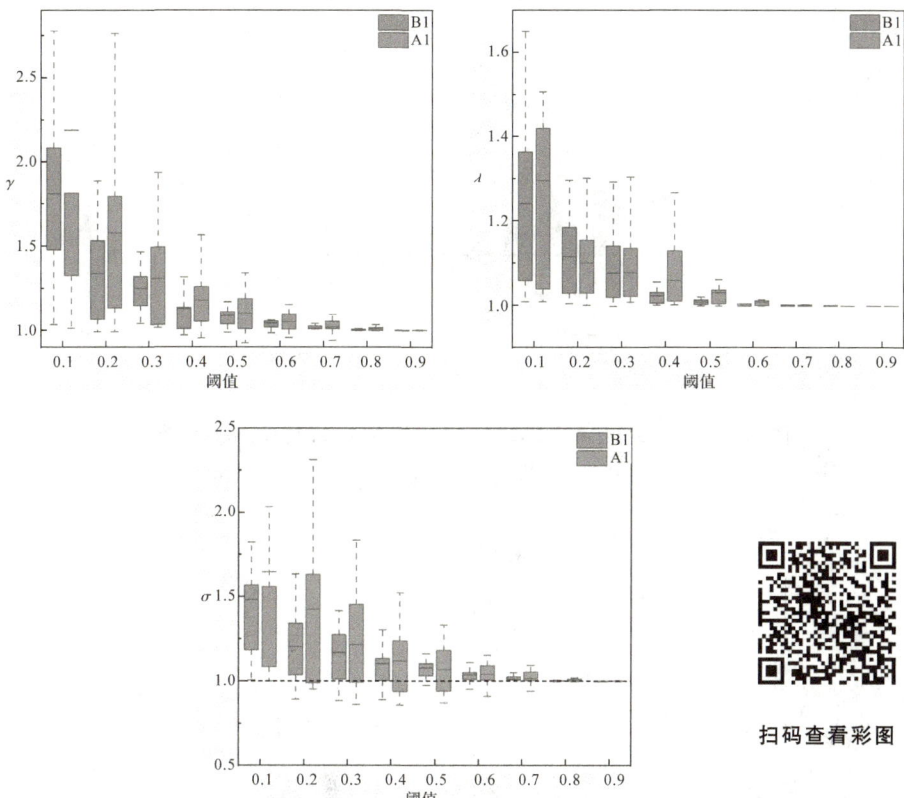

图 4.13 第 1 组(早班)轮班煤矿工人岗前岗后的脑网络小世界属性 $(\gamma, \lambda, \sigma)$ 特征比较

扫码查看彩图

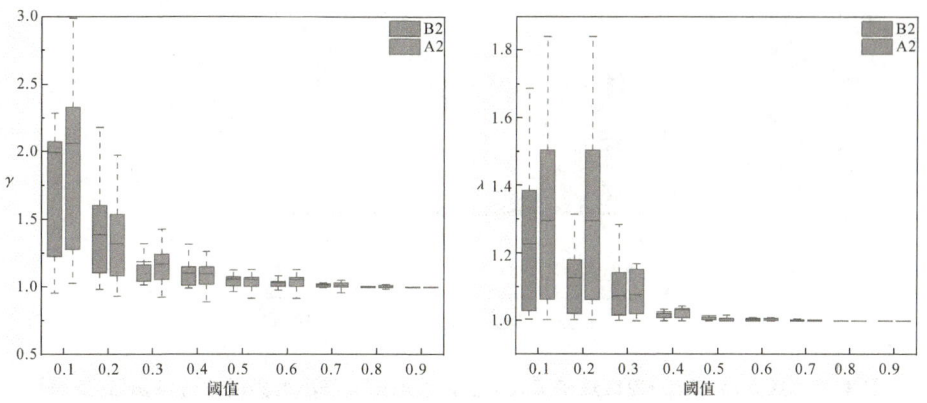

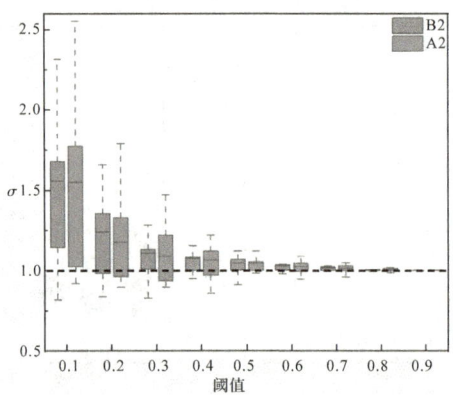

图 4.14 第 2 组(午班)轮班煤矿工人岗前岗后的脑网络小世界属性 (γ,λ,σ) 特征比较

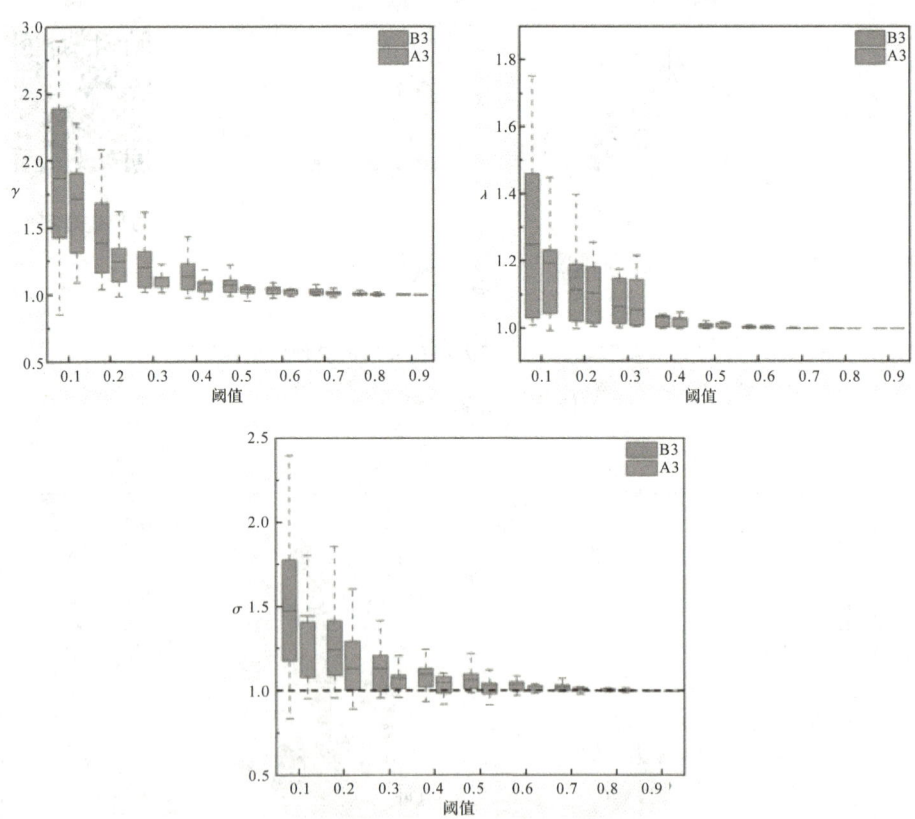

图 4.15 第 3 组(夜班)轮班煤矿工人岗前岗后的脑网络小世界属性 (γ,λ,σ) 特征比较

表 4.4 第 1 组(早班)轮班煤矿工人静息态脑网络中介中心性的组间差异

感兴趣区域	通道编号	中介中心性			
		平均值±方差		t 值	p 值
		B1	A1		
9 背外侧前额叶	01	3.97±0.37	4.05±0.41	−0.05	0.956 5
9 背外侧前额叶	02	3.58±0.33	2.73±0.29	0.77	0.446 0
9 背外侧前额叶	03	1.17±0.16	1.72±0.23	−0.79	0.436 0
9 背外侧前额叶	04	5.16±0.36	6.51±0.63	−0.74	0.463 3
46 背外侧前额叶	05	3.29±0.37	2.44±0.30	0.71	0.485 0
46 背外侧前额叶	06	6.71±0.42	5.86±0.50	0.52	0.606 4
10 额极区	07	2.18±0.25	2.67±0.26	−0.54	0.592 0
9 背外侧前额叶	08	5.04±0.33	5.24±0.48	−0.14	0.891 4
46 背外侧前额叶	09	2.42±0.45	2.51±0.23	−0.07	0.944 0
10 额极区	10	5.42±0.37	4.23±0.30	1.01	0.321 8
10 额极区	11	4.57±0.27	4.61±0.35	−0.03	0.974 7
10 额极区	12	3.65±0.32	4.76±0.23	−1.12	0.271 1
10 额极区	13	6.39±0.48	6.21±0.42	0.12	0.908 2
46 背外侧前额叶	14	3.23±0.38	1.53±0.15	1.66	0.106 3
10 额极区	15	1.46±0.15	3.04±0.27	−2.05	0.048 3△
10 额极区	16	6.11±0.64	4.63±0.44	0.76	0.450 3
10 额极区	17	1.05±0.16	2.26±0.29	−1.46	0.152 9

续表

感兴趣区域	通道编号	中介中心性		t 值	p 值
		平均值±方差			
		B1	A1		
46 背外侧前额叶	18	4.66±0.35	4.17±0.33	0.41	0.684 9
11 眶额区	19	2.37±0.22	4.47±0.49	−1.57	0.125 6
11 眶额区	20	5.74±0.48	4.89±0.44	0.52	0.604 8
11 眶额区	21	1.97±0.39	1.51±0.16	0.44	0.663 5
11 眶额区	22	1.20±0.10	2.98±0.54	−1.29	0.205 8

注：△ 表示结果通过配对 t 检验（$p<0.05$）。

表 4.5　第 3 组（夜班）轮班煤矿工人静息态脑网络中介中心性的组间差异

感兴趣区域	通道编号	中介中心性		t 值	p 值
		平均值±方差			
		B3	A3		
9 背外侧前额叶	01	2.37±0.02	3.77±0.03	−1.580 3	0.122 8
9 背外侧前额叶	02	3.30±0.03	2.15±0.01	1.479 0	0.147 8
9 背外侧前额叶	03	3.10±0.04	1.45±0.01	1.796 9	0.080 7
9 背外侧前额叶	04	4.47±0.03	3.69±0.02	0.839 8	0.406 6
46 背外侧前额叶	05	1.75±0.02	1.54±0.02	0.305 4	0.761 8
46 背外侧前额叶	06	5.32±0.04	6.06±0.06	−0.431 8	0.668 4

续表

感兴趣区域	通道编号	中介中心性		T 值	p 值
		平均值±方差			
		B3	A3		
10 额极区	07	1.22±0.01	0.74±0.01	1.366 7	0.180 2
9 背外侧前额叶	08	4.27±0.03	2.91±0.01	1.736 1	0.091 1
46 背外侧前额叶	09	1.49±0.02	1.38±0.02	0.160 2	0.873 6
10 额极区	10	5.26±0.03	4.76±0.03	0.442 7	0.660 6
10 额极区	11	4.44±0.04	4.63±0.03	−0.164 7	0.870 1
10 额极区	12	4.83±0.04	4.48±0.03	0.277 2	0.783 2
10 额极区	13	5.74±0.03	6.82±0.04	−0.856 2	0.397 6
46 背外侧前额叶	14	3.28±0.02	2.77±0.04	0.448 3	0.656 6
10 额极区	15	1.41±0.02	1.98±0.03	−0.609 0	0.546 4
10 额极区	16	5.00±0.03	4.89±0.03	0.106 6	0.915 7
10 额极区	17	0.64±0.01	1.20±0.01	0.106 6	0.125 7
46 背外侧前额叶	18	4.55±0.03	4.72±0.03	−0.155 4	0.877 3
11 眶额区	19	3.88±0.04	1.54±0.02	2.142 2	0.039 0△
11 眶额区	20	4.51±0.02	5.16±0.03	−0.709 7	0.482 5
11 眶额区	21	1.68±0.03	1.52±0.03	0.168 4	0.867 2
11 眶额区	22	1.33±0.02	0.61±0.01	1.340 8	0.188 4

注：△ 表示结果通过配对 t 检验（$p<0.05$）。

表 4.6　第 1 组(早班)轮班煤矿工人静息态脑网络局部节点效率的组间差异

感兴趣区域	通道编号	局部节点效率			
		平均值±方差		t 值	p 值
		B1	A1		
9 背外侧前额叶	01	0.61±0.10	0.60±0.16	0.169 9	0.866 1
9 背外侧前额叶	02	0.64±0.14	0.66±0.15	−0.258 2	0.797 9
9 背外侧前额叶	03	0.64±0.16	0.66±0.14	−0.371 5	0.712 7
9 背外侧前额叶	04	0.68±0.06	0.62±0.12	1.893 8	0.067 3
46 背外侧前额叶	05	0.60±0.14	0.62±0.16	−0.414 3	0.681 4
46 背外侧前额叶	06	0.67±0.05	0.67±0.09	−0.185 1	0.854 3
10 额极区	07	0.62±0.08	0.65±0.13	−0.591 1	0.558 6
9 背外侧前额叶	08	0.70±0.05	0.64±0.10	2.092 6	0.044 4
46 背外侧前额叶	09	0.58±0.17	0.60±0.11	−0.553 9	0.583 5
10 额极区	10	0.68±0.05	0.68±0.05	0.136 3	0.892 4
10 额极区	11	0.69±0.05	0.68±0.07	0.542 6	0.591 2
10 额极区	12	0.71±0.06	0.70±0.03	0.584 8	0.562 8
10 额极区	13	0.65±0.06	0.66±0.06	0.584 8	0.803 0
46 背外侧前额叶	14	0.56±0.14	0.59±0.17	0.584 8	0.521 3
10 额极区	15	0.55±0.15	0.53±0.17	0.381 4	0.705 4
10 额极区	16	0.67±0.07	0.68±0.06	−0.591 0	0.558 7

续表

感兴趣区域	通道编号	局部节点效率 平均值±方差 B1	局部节点效率 平均值±方差 A1	t 值	p 值
10 额极区	17	0.39±0.23	0.46±0.22	−0.981 5	0.333 7
46 背外侧前额叶	18	0.54±0.14	0.63±0.08	−2.146 8	0.039 5△
11 眶额区	19	0.56±0.13	0.50±0.17	1.123 2	0.269 7
11 眶额区	20	0.65±0.07	0.64±0.14	0.141 6	0.888 3
11 眶额区	21	0.50±0.22	0.49±0.23	0.180 4	0.858 0
11 眶额区	22	0.59±0.18	0.48±0.19	1.690 8	0.100 6

注:△ 表示结果通过配对 t 检验($p<0.05$)。

表 4.7 第 3 组(夜班)轮班煤矿工人静息态脑网络局部节点效率的组间差异

感兴趣区域	通道编号	局部节点效率 平均值±方差 B3	局部节点效率 平均值±方差 A3	t 值	p 值
9 背外侧前额叶	01	0.68±0.07	0.68±0.09	−0.099 2	0.921 5
9 背外侧前额叶	02	0.71±0.04	0.69±0.08	0.649 6	0.520 1
9 背外侧前额叶	03	0.66±0.12	0.68±0.08	−0.572 4	0.570 6
9 背外侧前额叶	04	0.68±0.03	0.69±0.07	−0.136 7	0.892 0
46 背外侧前额叶	05	0.52±0.20	0.46±0.23	0.801 1	0.428 4
46 背外侧前额叶	06	0.69±0.04	0.70±0.06	−0.338 2	0.737 2

续表

感兴趣区域	通道编号	局部节点效率			
		平均值±方差		t 值	p 值
		B3	A3		
10 额极区	07	0.65±0.15	0.67±0.10	−0.715 3	0.479 1
9 背外侧前额叶	08	0.69±0.07	0.69±0.08	0.089 2	0.929 4
46 背外侧前额叶	09	0.51±0.20	0.46±0.27	0.650 4	0.519 6
10 额极区	10	0.69±0.05	0.67±0.06	1.160 5	0.253 5
10 额极区	11	0.70±0.07	0.70±0.04	−0.196 3	0.845 4
10 额极区	12	0.69±0.07	0.71±0.04	−1.268 8	0.212 6
10 额极区	13	0.69±0.05	0.68±0.04	0.535 6	0.595 6
46 背外侧前额叶	14	0.63±0.09	0.55±0.14	2.052 1	0.047 5△
10 额极区	15	0.43±0.21	0.44±0.21	−0.202 5	0.840 7
10 额极区	16	0.67±0.07	0.66±0.10	0.409 1	0.684 9
10 额极区	17	0.37±0.22	0.43±0.18	0.409 1	0.356 5
46 背外侧前额叶	18	0.60±0.11	0.59±0.11	0.219 5	0.827 5
11 眶额区	19	0.55±0.12	0.45±0.19	1.866 6	0.070 1
11 眶额区	20	0.62±0.08	0.62±0.10	0.071 1	0.943 7
11 眶额区	21	0.50±0.17	0.58±0.13	−1.388 2	0.173 6
11 眶额区	22	0.45±0.18	0.41±0.19	0.541 1	0.591 7

注：△ 表示结果通过配对 t 检验（$p<0.05$）。

4.4 轮班工作对煤矿工人脑功能连接影响的实验结果讨论

本章采用 fNIRS 静息态数据采集方法检测了早班、午班和夜班轮班煤矿工人在岗前岗后时前额叶皮层的功能连接和脑网络的特征。

(1)本样本中的煤矿工人的大脑功能连接在不同婚姻状况($p_2=0.038$)和不同教育水平间($p_2=0.019$)具有显著差异。

(2)三班轮班煤矿工人岗前岗后的认知功能存在显著差异($p<0.05$)。特别是早班和午班的轮班煤矿工人,其岗后的功能连接普遍低于岗前。COR 分析结果显示,早班轮班煤矿工人大脑的背外侧前额叶内部、背外侧前额叶与额极区、背外侧前额叶与眶额区和眶额区内部的 COR 矩阵在岗前和岗后之间的 COR 脑功能连接存在显著差异。对于午班轮班煤矿工人,其岗前岗后脑功能连接的 COR 矩阵的差异主要集中在大脑的背外侧前额叶内部、背外侧前额叶与额极区、额极区内部、额极区与眶额区和背外侧前额叶与眶额区之间。此外,与早班和午班相比,夜班轮班煤矿工人岗前岗后的脑功能连接结果恰恰相反。夜班轮班煤矿工人岗后的 COR 矩阵相较于岗前,在大脑背外侧前额叶与额极区、额极区内部和背外侧前额叶内部显著增加。

(3)本研究还发现,早、午、晚班煤矿轮班工人的岗前岗后大脑前额叶皮层的脑网络都表现出小世界属性。

(4)早班和夜班轮班煤矿工人大脑前额叶皮层脑网络的中介中心性和局部节点效率参数在岗前岗后均具有显著差异($p<0.05$)。

4.4.1 婚姻和教育对轮班煤矿工人认知功能的影响

本研究的实验结果显示,婚姻状况和教育信息可能影响轮班煤矿工人的大脑前额叶皮层的功能连接。

已有研究表明,PFC 的功能连接强度与认知功能显著相关[295]。与之前的研究类似,本研究的研究结果显示,较低的教育水平有可能导致个体认知能力的下降[284,295]。相较于具备良好教育水平的轮班煤矿工人,那些受教育水平较低的轮班煤矿工人的大脑神经生理反应显示,其认知功能较低,将影响个体 SA 能力,从而更有可能引发不安全行为/人因失误。

此外,以往研究表明,与已婚人士相比,单身和离异人士可能更容易患与认知障碍有关的疾病,如阿尔茨海默病等[296]。本章实验结果显示,相较于已婚人士,单身和离异的轮班煤矿工人的认知水平有所下降。由此,可以合理推测,相较于处于稳定婚姻关系的轮班煤矿工人,离异或丧偶的轮班煤矿工人的认知能力较低,其 SA 能力将受影响,从而更有可能引发不安全行为/人因失误。

4.4.2 皮尔逊相关系数和 t 检验结果

实验结果表明,这三个班次的煤矿工人在岗前岗后的认知功能均具有显著差异。其中,夜班轮班煤矿工人的认知功能表现最低,其次是午班,最后是早班,这与以前的研究结果一致[273-274]。已有研究表明,夜班煤矿工人比早班和午班工人更容易感到疲劳[297]。与夜班护士情况类似,夜班煤矿工人在工作结束时往往呈身心疲劳和认知功能严重受损的状态,此时夜班煤矿工人个体 SA 能力降低或失效,进而有可能导致人因失误和不安全行为[275,298-299]。

1. 早班轮班煤矿工人岗前岗后认知功能差异

对于早班轮班煤矿工人岗前岗后的大脑前额叶皮层功能连接模式,实验结果表明,早班煤矿工人岗前(B1)大脑前额叶皮层的背外侧前额叶内部(dlPFC)、背外侧前额叶与额极区间(dlPFC - FPC)、背外侧前额叶与眶额区间(dlPFC - OFC)和眶额区(OFC)内部的静息态功能连接(COR)更为密集。根据认知神经科学基础研究结果,大脑前额叶皮层(PFC)是人类复杂认知控制的关键区域。具体来说,背外侧前额叶(dlPFC)控制执行功能,如计划、工作记忆、监控、选择性注意和抑制预编程等行为[253,300-301]。此外,额极区(FPC)还与人类复杂的认知能力,如多任务处理能力密切相关[302]。眶额区(OFC)参与控制和纠正与奖励有关与与惩罚有关的行为,从而影响个人情绪和触感[303]。

2.午班轮班煤矿工人岗前岗后认知功能差异

与早班轮班煤矿工人认知特征相似,午班轮班煤矿工人岗前(B2)的脑功能连接在大脑背外侧前额叶内部(dlPFC)、背外侧前额叶与额极区间(dlPFC-FPC)、额极区内部(FPC)、额极区与眶额区间(FPC-OFC)和背外侧前额叶与眶额区间(dlPFC-OFC)均强于岗后(A2)。由此,午班轮班煤矿工人在工作结束时的执行功能、复杂认知能力、情绪和触觉都有所下降。与 Reza Kazemi 的行为实验和心理测量量表的结果一致,本书的实验结果显示,早班和午班轮班煤矿工人在工作结束后均出现认知能力下降[272]。此外,Azam Esmaily 的行为实验结果也表明,轮班工作会影响护士的认知功能(工作记忆和注意力)[274]。而较低的认知能力或反应能力,如在注意力不集中、疲劳和困倦等状态下,都有可能导致工人产生不安全行为或险兆事件[299]。

上述认知神经机制表明,早班和午班轮班煤矿工人在工作结束时更容易出现注意力下降、多任务处理能力下降、情绪控制能力下降、疲劳和困倦等认知功能降低的情况,进而导致早班和午班轮班煤矿工人 SA 降低或失效,从而更容易引发不安全行为/人因失误。

3.夜班轮班煤矿工人岗前岗后认知功能差异

本书实验结果表明,夜班轮班煤矿工人岗后(A3)的脑功能连接系数普遍高于岗前(B3)。这些脑功能连接差异主要集中在背外侧前额叶与额极区间(dlPFC-FPC)、额极区内部(FPC)和背外侧前额叶内部(dlPFC)。这些神经生理特征表明,与岗前相比,夜班轮班煤矿工人在工作结束后,其执行功能得到了一定的改善或提升,如注意力、工作记忆和多任务处理等能力。本书的研究结果与以往的一项 EEG 研究结果一致,注意力分散的被试者往往具有更强的大脑连接功能强度[304]。

有趣的是,Azam Esmaily 的实验表明,在三个班次中,夜班结束后的工人的认知功能下降最为严重[274]。本书的实验结果与其不同可能是由于本实验中夜班煤矿工人的工作内容与早班和午班煤矿工人不同所致。根据 H 矿业公的规定,早班和午班是采煤生产班,而夜班是维修班。与生产班相比,维修班的工作环境相对较好,没有生产噪音和粉尘。且夜班维修工人常年在夜间工作,其昼夜节律已经改变。由此,本实验样本中夜班轮班的煤矿工人的认知能力在工作结束后并未严重受损。

4.4.3 脑网络参数特征

在上述分析的基础上,本书对早班、午班、夜班轮班煤矿工人岗前岗后的大脑前额叶皮层脑网络参数进行了分析。结果显示,早班、午班、夜班轮班煤矿工人岗前岗后的脑网络参数 C_{net}、E_{global}、E_{loc} 和 L_p 在 0.1~0.9 的 10 个阈值下的变化趋势与以往的研究一致,上述参数在岗前岗后并没有统计学差异[216,246,250]。此外,本书分别计算了早班、午班、夜班轮班煤矿工人岗前岗后的大脑前额叶皮层脑网络的小世界属性,结果均大于 1,即三班轮班煤矿工人岗前岗后的所有状态的大脑前额叶皮层的静息态脑网络数据均具有小世界特性。上述神经生理特征表明,三班轮班煤矿工人岗前岗后的大脑前额叶皮层的脑网络均具有较高的工作效率。

值得注意的是,配对 t 检验的结果显示,早班轮班煤矿工人和夜班轮班煤矿工人岗前岗后的脑网络中介中心性和局部节点效率参数存在显著差异,而午班轮班煤矿工人岗前岗后的脑网络参数并未显现出统计学差异。

首先,早班轮班煤矿工人的额极区的脑网络中介中心性在岗前岗后具有显著差异。在基于图论的复杂脑网络中,中介中心性越大,表明目标区域作为大脑网络中的一个枢纽的影响力越大[305]。较高的中介中心性对应着较高的多任务处理能力。此外,Marja-Leena Haavisto 的研究表明,轮班工作会损害工人的多任务处理能力[306]。上述神经生理指标特征表明,相较于岗前,早班轮班煤矿工人的多任务能力在工作结束时显著降低。由此,早班轮班煤矿工人的脑网络参数特征表明,相较于岗前,早班轮班煤矿工人的多任务处理能力在工作结束时显著下降,这将导致 SA 降低或失效,进而引发不安全行为/人因失误。

其次，夜班轮班煤矿工人眶额区脑网络的中介中心性在岗前岗后也呈现出显著差异，这些神经生理特征可能表明在夜班工作会导致煤矿工人的情绪控制能力下降。本书的实验结果与 Dov Zohar 的研究一致，即睡眠不足会损害人的情绪反应性[307]。由此，夜班轮班煤矿工人的脑网络参数特征表明，相较于岗前，夜班轮班煤矿工人的情绪控制能力显著下降，这将导致 SA 降低或失效，进而引发不安全行为/人因失误。

再次，早班轮班煤矿工人和夜班轮班煤矿工人的背外侧前额叶脑网络的局部节点效率在岗前岗后具有差异。在基于图论的复杂脑网络中，较高的局部节点效率代表着在仅由给定节点的邻边组成的局部子图中，信息转换的效率更高[249]。与 Ann Rhéaume 的研究结果一致，本书的实验结果表明，在长时间工作后，煤矿工人的认知能力有所下降[299]。由此，早班轮班煤矿工人和夜班轮班煤矿工人的脑网络参数特征表明，相较于岗前，早班轮班煤矿工人和夜班轮班煤矿工人脑网络信息转换效率显著下降，这将导致 SA 降低或失效，进而引发不安全行为/人因失误。

4.5 本章小结

本章对陕煤集团 H 公司 17 名早班煤矿工人、18 名午班煤矿工人和 19 名夜班煤矿工人(共计 54 名)进行了 fNIRS 静息态实验研究，分析了早班、午班和夜班煤矿工人岗前岗后的脑功能连接特征。

(1)本章研究结果表明，轮班工作会显著影响煤矿工人的认知功能。一方面，研究结果显示，三班倒煤矿工人在岗前岗后的认知能力存在明显差异。早班和午班煤矿工人岗后的大脑功能连接明显少于岗前。而夜班煤矿工人的结果则相反。另一方面，在早班和夜班煤矿工人的脑网络中，发现中介中心性和局部节点效率有显著差异。

(2)轮班工作对煤矿工人神经生理的影响主要为：相较于受教育水平较高的轮班煤矿工人，受教育水平较低的轮班煤矿工人的认知功能较低；相较于处于稳定婚姻关系的轮班煤矿工人,离异或丧偶的轮班煤矿工人的认知功能较低;早班、午班、夜班轮班工作对煤矿工人认知能力影响大小排序为:夜班＞午班＞早班;早班和午班轮班煤矿工人在工作结束时更容易出现注意力下降、多任务处理能力下降、情绪控制能力下降、疲劳和困倦等认知功能降低的情况并伴随着脑网络信息转换效率显著下降;早班、午班、夜班轮班煤矿工人岗前岗后的大脑前额叶皮层的脑网络均具有较高的工作效率;早班轮班煤矿工人的多任务处理能力在工作结束时显著下降;夜班轮班煤矿工人的情绪控制能力在工作结束时显著下降。

(3)本章实验结果表明,上述个体个人特质与认知功能表现都将影响轮班煤矿工人个体 SA,导致个体 SA 降低或失效,从而引发不安全行为/人因失误。本章的研究结果表明,fNIRS 功能连接用于揭示轮班工作对于煤矿工人情景意识的影响的内在认知神经机制是可行且有效的。

5 基于 SVM 的煤矿工人情景意识辨识研究

5.1 煤矿工人情景意识 SVM 模型研究对象

实验一和实验二的研究结果表明,个人因素和环境因素影响下的煤矿工人 SA 具有显著的神经生理特征。

实验一的结果表明:在个人因素中,煤矿工人人因失误倾向者具有抑郁、冲动和高认知负荷;较弱的注意力控制能力、反应能力、执行能力和情绪稳定能力;较弱的工作记忆能力等个人特质,相较于一般煤矿工人,其大脑前额叶脑功能连接具有显著差异。如图 5.1 所示,基于本书提出的煤矿工人情景意识全要素模型,本章提出了个体因素影响下的煤矿工人情景意识模型,煤矿工人人因失误倾向者具有抑郁、冲动等个人特质,这些个人特质会降低煤矿工人 SA 和认知功能,从而引发不安全行为或人因失误。

实验二的结果表明:在环境因素中,轮班工作对早班、午班、夜班轮班煤矿工人的认知功能具有一定的影响,早班、午班、夜班轮班煤矿工人的大脑前额叶脑功能连接在岗前岗后均存在显著差异。如图 5.2 所示,基于本书提出的煤矿工人情景意识全要素模型,本章提出了环境因素影响下的煤矿工人情景意识模型,受轮班工作制度的影响,即环境信息刺激,煤矿工人 SA 有可能降低或失效,从而降低其认知功能,进而引发不安全行为或人因失误。

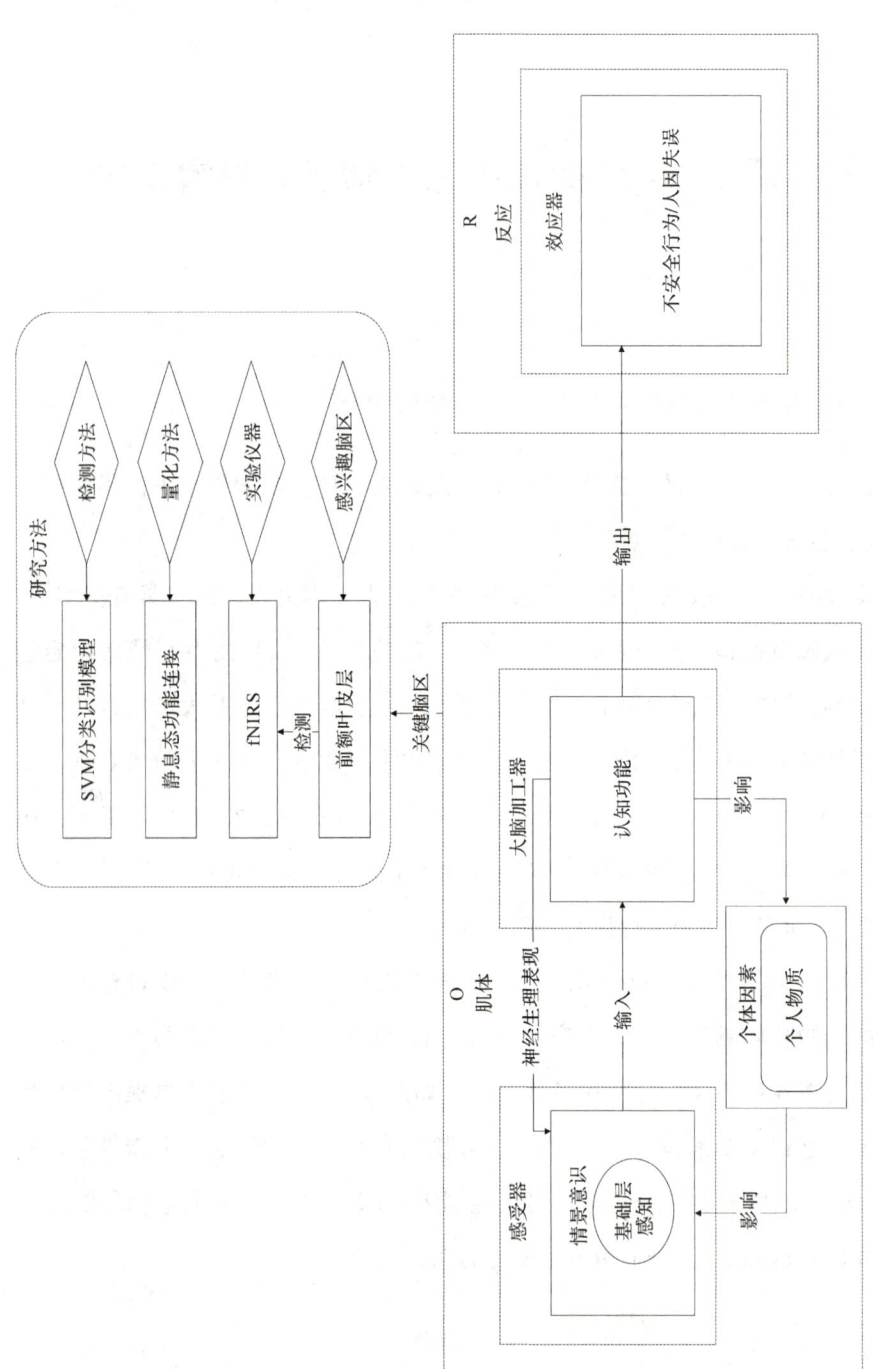

图5.1 个体因素影响下的煤矿工人情景意识模型

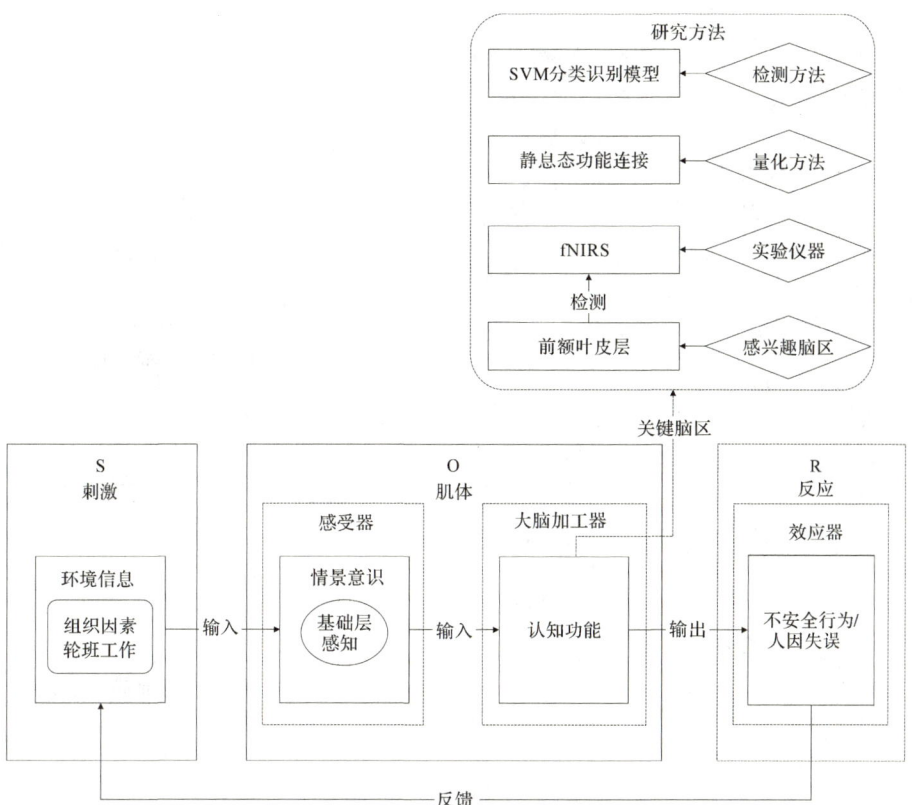

图 5.2 环境因素影响下的煤矿工人情景意识模型

上述煤矿工人 SA 神经生理特征如何识别？在实际生产过程中，如何精准识别不同状态下的煤矿工人 SA？如图 5.3 所示，本章基于实验一和实验二采集的煤矿工人 fNIRS 静息态脑功能连接样本数据，分别对煤矿工人人因失误倾向者和早班、午班、夜班轮班煤矿工人的大脑功能网络进行了估计。然后，根据煤矿工人的脑功能网络的特征，使用机器学习中经典的支持向量机分类器构建了四个分类识别模型，对不同状态下的煤矿工人 SA 进行检测。

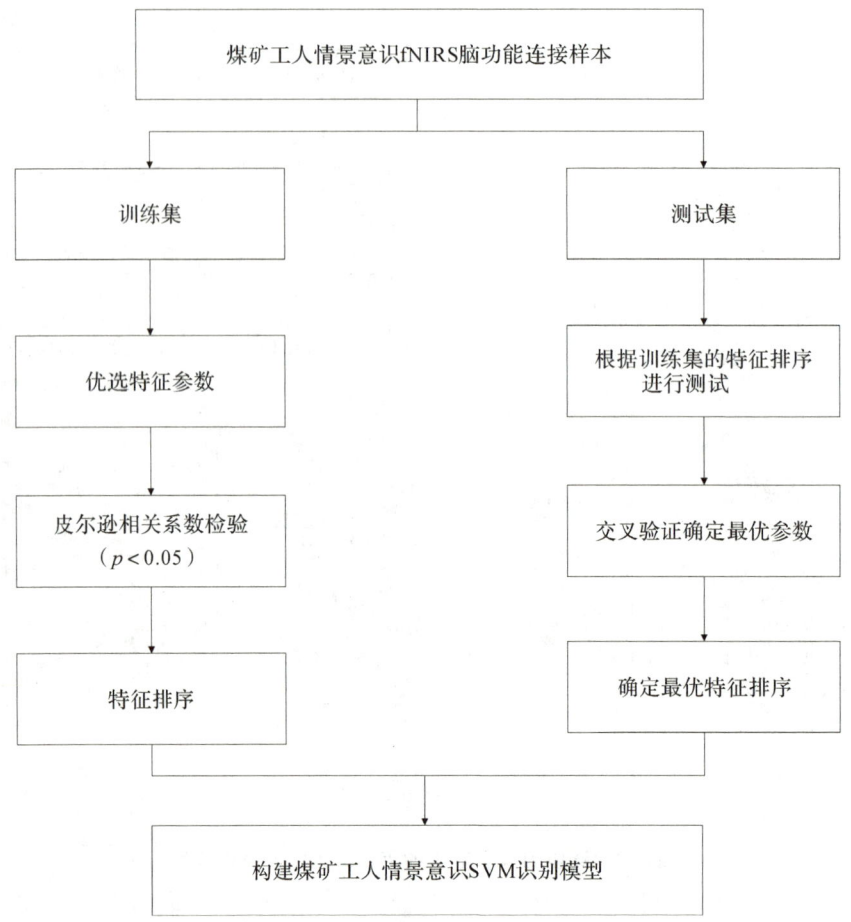

图 5.3 煤矿工人情景意识 SVM 识别模型构建流程

5.2 煤矿工人情景意识数据特征优选

本章应用 MATLAB R2013b 平台上 Chih-Chung Chang 和 Chih-Jen Lin 开发的 LIBSVM－3.18 工具箱对不同条件下煤矿工人情景意识的脑功能连接特征进行分类识别[308]。

SVM 特征选择，是指从原始特征数据中选取一些最有效的特征以降低 SVM 计算维度的过程，是提高 SVM 算法性能的重要手段[309-310]。

5.2.1 获取单个被试者的原始数据

根据实验一和实验二的 22×22 通道的 fNIRS 静息态实验探头设置,应用 MATLAB R2013b 自编脚本分别提取每一个被试者大脑前额叶皮层上 22×22 通道的 COR 相关系数矩阵,并保存为.txt 格式的文件。

如表 5.1 所示,此相关系数矩阵为一个 22×22 的对称矩阵,行表示 CH01 至 CH22,列也表示 CH01 至 CH22;其中,主对角线上的 COR 值均为 1,即每个通道与自身的相关系数为 1。

表 5.1 单个被试者大脑前额叶皮层的 22×22 通道的相关系数矩阵

通道	1	2	3	4	5	…	18	19	20	21	22
1	1.00	0.68	0.57	0.70	0.77	…	0.56	0.57	0.61	0.46	0.50
2	0.68	1.00	0.68	0.74	0.58	…	0.53	0.52	0.56	0.42	0.43
3	0.57	0.68	1.00	0.67	0.52	…	0.51	0.43	0.45	0.42	0.41
4	0.70	0.74	0.67	1.00	0.65	…	0.64	0.58	0.65	0.50	0.56
5	0.77	0.58	0.52	0.65	1.00	…	0.55	0.54	0.53	0.40	0.47
…	…	…	…	…	…	…	…	…	…	…	…
18	0.56	0.53	0.51	0.64	0.55	…	1.00	0.59	0.60	0.48	0.78
19	0.57	0.52	0.43	0.58	0.54	…	0.59	1.00	0.68	0.56	0.57
20	0.61	0.56	0.45	0.65	0.53	…	0.60	0.68	1.00	0.79	0.66
21	0.46	0.42	0.42	0.50	0.40	…	0.48	0.56	0.79	1.00	0.60
22	0.50	0.43	0.41	0.56	0.47	…	0.78	0.57	0.66	0.60	1.00

如表 5.2 所示,在去除主对角线上数值的基础上,本实验选取 22×22 通道的 COR 矩阵的下三角矩阵数值,并将其转换为一维向量。

表 5.2　单个被试者大脑前额叶皮层的 22×22 通道的相关系数矩阵的下三角矩阵

通道	1	2	3	4	5	…	18	19	20	21	22
1											
2	0.68										
3	0.57	0.68									
5	0.77	0.58	0.52	0.65							
…	…	…	…	…	…						
18	0.56	0.53	0.51	0.64	0.55	…					
19	0.57	0.52	0.43	0.58	0.54	…	0.59				
20	0.61	0.56	0.45	0.65	0.53	…	0.60	0.68			
21	0.46	0.42	0.42	0.50	0.40	…	0.48	0.56	0.79		
22	0.50	0.43	0.41	0.56	0.47	…	0.78	0.57	0.66	0.60	

此一维向量的长度 S_{svm} 与通道数 M 之间的关系为

$$S_{svm} = \frac{(M-1) \times M}{2} \tag{5.1}$$

由此,计算出四个模型中每个被试者 1×231 的功能连接特征向量为每个 SVM 模型的单个被试者原始数据。

5.2.2　计算 SVM 模型输入数据集

1. 初始输入数据集

在本书中,用于识别煤矿工人情景意识的四个模型的初始输入数据集样本特征如表 5.3 所示。

表 5.3　煤矿工人情景意识 SVM 分类识别模型初始输入数据集样本特征

模型	模型1 煤矿工人人因失误倾向者情景意识识别模型	模型2 早班煤矿工人岗前岗后情景意识识别模型	模型3 午班煤矿工人岗前岗后情景意识识别模型	模型4 夜班煤矿工人岗前岗后情景意识识别模型
总样本	106	34	36	38
类型一	80	17	18	19
类型二	26	17	18	19

由于单个被试者原始数据为一个 1×231 的功能连接特征向量,因此合并单个被试者的原始数据即为每个模型的初始输入数据集。整理可得,四个模型的初始输入数据集矩阵结构如表 5.4 所示。

表 5.4　煤矿工人情景意识 SVM 分类识别模型初始输入数据集矩阵结构

模型	模型1 煤矿工人人因失误倾向者情景意识识别模型	模型2 早班煤矿工人岗前岗后情景意识识别模型	模型3 午班煤矿工人岗前岗后情景意识识别模型	模型4 夜班煤矿工人岗前岗后情景意识识别模型
列	231	231	231	231
行	106	34	36	38

表 5.4 中,231 列表示 231 个功能连接特征值;行表示该模型的样本数。

2. 计算输入数据集

在初始输入数据集的基础上,根据实验一和实验二的皮尔逊相关系数和 t 检验的结果,分别整理每个模型的数据特征。根据以往的研究,本书选择那些在组间差异显著的通道组的 COR 作为 SVM 中的特征参数($p<0.05$)[309,311]。

整理四个模型的特征数及特征参数标签如表 5.5 所示。

由此,输入数据集的格式为:行为样本量,列为特征数的矩阵。应用 MAT-LAB R2013b 中的自编脚本分别计算四个模型的 SVM 输入数据集(如表 5.6～表 5.9 所示),并保存为 .xlsx 文件。

表 5.5 煤矿工人情景意识 SVM 分类识别模型特征参数

模型	模型 1 煤矿工人人因失误倾向者情景意识识别模型	模型 2 早班煤矿工人岗前岗后情景意识识别模型	模型 3 午班煤矿工人岗前岗后情景意识识别模型	模型 4 夜班煤矿工人岗前岗后情景意识识别模型
特征数	3	15	20	7
特征参数标签	CH15 - CH22 CH09 - CH22 CH21 - CH22	CH01 - CH05 CH06 - CH08 CH04 - CH10 CH04 - CH11 CH04 - CH12 CH08 - CH10 CH08 - CH11 CH08 - CH12 CH08 - CH13 CH08 - CH16 CH04 - CH20 CH06 - CH21 CH20 - CH21 CH20 - CH22 CH22 - CH21	CH02 - CH08 CH04 - CH05 CH04 - CH09 CH02 - CH17 CH03 - CH17 CH04 - CH17 CH07 - CH14 CH08 - CH17 CH12 - CH14 CH07 - CH17 CH10 - CH17 CH12 - CH17 CH13 - CH17 CH13 - CH21 CH07 - CH20 CH11 - CH21 CH12 - CH21 CH02 - CH21 CH14 - CH21 CH18 - CH21	CH02 - CH07 CH03 - CH17 CH06 - CH07 CH07 - CH09 CH07 - CH11 CH07 - CH12 CH01 - CH04

(1)模型1:煤矿工人人因失误倾向情景意识识别模型。

SVM输入数据集文件名:svmdata_unsafe.xlsx。

如表5.6所示,模型1的SVM模型输入数据集为一个4×106的矩阵,其中前3列为特征参数,第4列为分类标签。在106个数据样本中,编号1—80的样本的分类标签为1,编号81—106的样本的分类标签为2。

表5.6 模型1的SVM模型输入数据集示例

被试者编号	特征1	特征2	特征3	分类标签
1	0.81	0.42	0.51	1
2	0.66	0.40	0.53	1
3	0.87	0.44	0.54	1
…	…	…	…	1
80	0.75	0.36	0.37	1
81	0.69	0.30	0.45	2
…	…	…	…	2
103	0.30	0.49	0.38	2
104	0.87	0.86	0.79	2
105	0.17	0.05	0.25	2
106	0.80	0.22	0.23	2

(2)模型2:早班煤矿工人岗前岗后情景意识识别模型。

SVM输入数据集文件名:svmdata_shift1.xlsx。

如表5.7所示,模型2的SVM模型输入数据集为一个16×34的矩阵,其中前15列为特征参数,第16列为分类标签。在34个数据样本中,编号1—17的样本的分类标签为1,编号18—34的样本的分类标签为2。

表5.7 模型2的SVM模型输入数据集

被试者编号	特征1	特征2	特征3	……	特征12	特征13	特征14	特征15	分类标签
1	0.72	0.53	0.76	…	0.71	0.81	0.73	0.50	1
2	0.50	0.49	0.55	…	0.17	0.83	0.15	0.02	1
3	0.19	0.54	0.45	…	0.71	0.81	0.80	0.91	1
4	0.84	0.85	0.83	…	0.87	0.91	0.82	0.90	1
…	…	…	…	…	…	…	…	…	1
17	0.36	0.80	0.81	…	0.81	0.89	0.66	0.79	1
18	0.69	0.60	0.68	…	0.63	0.54	0.64	0.30	2
…	…	…	…	…	…	…	…	…	2
30	0.22	0.31	0.20	…	0.65	0.81	0.57	0.70	2
31	0.53	0.31	0.55	…	0.30	0.91	0.52	0.47	2
32	0.60	0.38	0.59	…	0.65	0.53	0.79	0.61	2
33	0.50	0.72	0.50	…	0.39	0.75	0.12	0.27	2
34	0.38	0.25	0.49	…	0.60	0.89	0.63	0.71	2

(3)模型3:午班煤矿工人岗前岗后情景意识识别模型。

SVM 输入数据集文件名:svmdata_shift2.xlsx。

如表 5.8 所示,模型 3 的 SVM 模型输入数据集为一个 21×36 的矩阵,其中前 20 列为特征参数,第 21 列为分类标签。在 36 个数据样本中,编号 1—18 的样本的分类标签为 1,编号 19—36 的样本的分类标签为 2。

表 5.8　模型 3 的 SVM 模型输入数据集

被试者编号	特征 1	特征 2	特征 3	……	特征 18	特征 19	特征 20	分类标签
1	0.75	0.67	0.62	…	0.90	0.67	0.88	1
2	0.74	0.81	0.91	…	0.92	0.88	0.86	1
3	0.81	0.61	0.84	…	0.82	0.82	0.69	1
4	0.59	0.62	0.80	…	0.64	0.85	0.48	1
…	…	…	…	…	…	…	…	1
18	0.85	0.20	0.72	…	0.31	0.40	0.09	1
19	0.63	0.85	0.92	…	0.91	0.87	0.82	2
…	…	…	…	…	…	…	…	2
33	0.68	0.51	0.59	…	0.68	0.19	0.21	2
34	0.37	0.08	0.60	…	0.81	0.45	0.26	2
35	0.44	0.53	0.65	…	0.62	0.60	0.97	2
36	0.18	0.20	0.61	…	0.65	0.34	0.18	2

(4)模型 4:夜班煤矿工人岗前岗后情景意识识别模型。

SVM 输入数据集文件名:svmdata_shift3.xlsx。

如表 5.9 所示,模型 4 的 SVM 模型输入数据集为一个 8×38 的矩阵,其中前 7 列为特征参数,第 8 列为分类标签。在 38 个数据样本中,编号 1—19 的样本的分类标签为 1,编号 20—38 的样本的分类标签为 2。

表 5.9 模型 4 的 SVM 模型输入数据集

被试者编号	特征 1	特征 2	特征 3	特征 4	特征 5	特征 6	特征 7	分类标签
1	0.88	0.70	0.55	0.73	0.82	0.72	0.49	1
2	0.76	0.73	0.77	0.72	0.87	0.65	0.63	1
3	0.72	0.91	0.61	0.70	0.73	0.80	0.87	1
4	0.85	0.86	0.88	0.86	0.91	0.82	0.90	1
...	...	...	...	...	...	...	...	1
19	0.41	0.67	0.41	0.37	0.87	0.20	0.09	1
...	...	...	...	...	...	...	...	2
35	0.58	0.74	0.69	0.46	0.81	0.32	0.30	2
36	0.71	0.65	0.59	0.53	0.91	0.58	0.66	2
37	0.89	0.83	0.73	0.80	0.93	0.93	0.87	2
38	0.93	0.86	0.73	0.60	0.85	0.61	0.65	2

将上述计算生成的四个 SVM 模型输入数据集文件保存至 LIBSVM–3.18 工具箱中 matlab 文件夹下。

5.3 煤矿工人情景意识 SVM 分类识别模型

5.3.1 SVM 数据预处理

(1)应用 MATLAB R2013b 自编脚本分别读取四个 SVM 模型输入数据集文件并设置分类标签(表 5.10)。令 data 为包含分类标签的输入数据集,features

为功能连接特征,class 为 svm 分类器中的分类类型。

(2)分配训练数据集(train data)和测试数据集(test data),本书中训练数据集和测试数据集的比例分别为 70% 和 30%。分别设置训练样本序号(train_id)和测试样本序号(test_id)。

(3)为了消除奇异样本数据导致的不良影响,提高 SVM 分类器的精度,对特征数据进行最小最大标准化(min-max normalization)处理,将原始数据线性转换到[0,1]范围内,计算结果为归一化后的数据,计算公式如下,其中 x 为原始数据:

$$x' = \frac{x - \min(x)}{\max(x) - \min(x)} \tag{5.2}$$

表 5.10　煤矿工人情景意识 SVM 模型分类标签设置

分类标签	模型1 煤矿工人人因失误倾向者情景意识识别模型	模型2 早班煤矿工人岗前岗后情景意识识别模型	模型3 午班煤矿工人岗前岗后情景意识识别模型	模型4 夜班煤矿工人岗前岗后情景意识识别模型
1	一般煤矿工人	早班煤矿工人岗前	午班煤矿工人岗前	夜班煤矿工人岗前
2	煤矿工人人因失误倾向者	早班煤矿工人岗后	午班煤矿工人岗后	夜班煤矿工人岗后

5.3.2　SVM 分类器模型构建

根据 LIBSVM 工具包的要求,本书 SVM 分类器模型构建步骤如下[165]。

(1)构建 SVM 训练模型。应用 LIBSVM-3.18 工具箱中的 cmd 函数,构建 SVM 训练模型。参照以往的研究,本书将 cmd 函数初始设置为[311]

$$\text{cmd} = ['-c_1 - 0.25g - s_0 - t_2'] \tag{5.3}$$

其中,$-c$(cost)是错误项的惩罚系数。c 越大,对分错样本的惩罚程度越大,训练样本中分类准确率越高,但伴随着泛化能力降低,也就是对测试数据的分类准确率降低。相反,当 c 较小时,训练样本中则有可能出现一些误分类错误样本,泛化能力增强。$-c$ 的默认值为 1。

$-g$(gamma)为核函数系数,一般为样本特征数的倒数。

$-s$ 是 SVM 模型的类型,s_0 为 C-SVM 分类模型。

$-t$ 为核函数类型,默认为 2,为高斯核函数(radial basis function kerne,RBF)。RBF 的定义为[312]

$$(x_i, x_j) = \exp(-\frac{\|x_i - x_j\|^2}{2\sigma^2}) \tag{5.4}$$

其中,k 为核函数(kernel function)。令 X 为输入空间,$k(\cdot, \cdot)$ 是定义在 $X \times X$ 上的对称函数,则 k 是核函数。对于任意数据 $D = \{x_1, x_2, \cdots, x_m\}$,核矩阵(kernel matrix)$\boldsymbol{K}$ 总是半正定的[312]:

$$\boldsymbol{K} = \begin{bmatrix} k(x_1, x_1) & \cdots & k(x_1, x_m) \\ \vdots & & \vdots \\ k(x_m, x_1) & \cdots & k(x_m, x_m) \end{bmatrix} \tag{5.5}$$

也就是说,当一个对称函数所对应的核矩阵半正定时,这个函数就能作为核函数使用。任何一个核函数都隐式地定义了一个再生核希尔伯特空间(reproducing kernel Hilbert space,RKHS)的特征空间。

使用设置好参数的 cmd 函数构建 SVM 训练模型为

$$\text{model} = \text{svmtrain}(\text{class}(\text{train\_id}), \text{featuresn}(\text{train\_id}, :), \text{cmd}) \tag{5.6}$$

(2)应用交叉验证方法优选 SVM 模型参数。SVM 模型的核心参数为 $-c$ 和 $-g$。本书应用开源脚本 SVMcg.m 进行 $-c$ 和 $-g$ 的交叉验证优选[313]。SVMcg.m 的输入函数为

$$[\text{bestacc}, \text{bestc}, \text{bestg}] = \text{SVMcg}(\text{trian\_label}, \text{train}, \text{cmin}, \text{cmax},$$
$$\text{gmin}, \text{gmax}, v, \text{cstep}, \text{gstep}, \text{accstep}) \tag{5.7}$$

其中,train_label 为训练集标签,train 为训练集;cmin 为惩罚参数 c 的变化范围的最小值,cmax 为惩罚参数 c 的变化范围的最大值。gmin 为参数 g 的变化范围的最小值,gmax 为参数 g 的变化范围的最大值。v 为 cross validation 的参

数,即将测试集分为几部分进行交叉验证。cstep 为参数 c 步进的大小,gstep 为参数 g 步进的大小。accstep 为最后显示准确率图时的步进大小。

应用 SVMcg.m 脚本,计算不同条件下煤矿工人的情景意识差异模型所需的最优核心参数,结果如表 5.11 所示。

表 5.11 煤矿工人情景意识 SVM 模型最优参数

最优参数	模型 1 煤矿工人人因失误倾向者情景意识识别模型	模型 2 早班煤矿工人岗前岗后情景意识识别模型	模型 3 午班煤矿工人岗前岗后情景意识识别模型	模型 4 夜班煤矿工人岗前岗后情景意识识别模型
$-c$	32	24	26	32
$-g$	0.031 3	0.031 3	0.031 3	0.250 0

把求得的最优参数代入 cmd 函数中,并应用训练数据集对 SVM 模型进行训练。构建最优 SVM 训练模型为

$$\text{model} = \text{svmtrain}(\text{train\_id}), \text{featuresn}(\text{train\_id},:), \text{cmd}) \quad (5.8)$$

(3)构建 SVM 预测模型并输出分类识别结果。使用 LIBSVM 构建不同条件下煤矿工人的情景意识差异预测模型:

$$[\text{predic test\_data}_{\text{class}}, \text{accuracy}, \text{decision}_{\text{value}}] =$$
$$\text{svmpredict}(\text{class}(\text{test\_id}), \text{featuresn}(\text{test\_id},:), \text{model}) \quad (5.9)$$

其分类识别结果如表 5.12 所示。

表 5.12 煤矿工人情景意识 SVM 预测模型准确率

模型	模型 1 煤矿工人人因失误倾向者情景意识识别模型	模型 2 早班煤矿工人岗前岗后情景意识识别模型	模型 3 午班煤矿工人岗前岗后情景意识识别模型	模型 4 夜班煤矿工人岗前岗后情景意识识别模型
准确率	84.21%	97.06%	83.33%	83.33%

由表 5.12 可看出,四个煤矿工人情景意识 SVM 分类识别模型均得到了比较好的识别结果(识别准确率均大于 80%)。结果显示,SVM 分类识别模型对煤矿工人人因失误倾向者情景意识识别准确率为 84.21%,对早班煤矿工人岗前岗后情景意识识别准确率为 97.06%,对午班煤矿工人岗前岗后情景意识识别准确率为 83.33%,对晚班煤矿工人岗前岗后情景意识识别准确率为 83.33%。

5.4 本章小结

本章基于实验一和实验二的 fNIRS 静息态的大脑前额叶皮层脑功能连接特征参数,构建了四个煤矿工人情景意识分类识别模型。

(1)对实验一和实验二的脑功能连接样本数据进行了预处理,应用 t 检验优化提取了不同条件下煤矿工人情景意识的脑功能连接特征数据。

(2)构建了不同条件下煤矿工人情景意识 SVM 训练模型,采用交叉验证法计算了模型最优参数。

(3)构建了不同条件下煤矿工人情景意识 SVM 预测模型,其中,煤矿工人人因失误倾向者情景意识识别模型准确率为 84.21%;早班煤矿工人岗前岗后情景意识识别模型准确率为 97.06%;午班煤矿工人岗前岗后情景意识识别模型准确率为 83.33%;夜班煤矿工人岗前岗后情景意识识别模型准确率为 83.33%。上述四个模型识别分类结果显示,本书构建的 SVM 分类识别模型识别准确率较高,作为一种煤矿工人情景意识检测手段具有可行性和有效性。

6 结论与展望

6.1 主要工作与结论

在现代化煤矿的复杂技术系统中,煤矿工人的人因失误不可能完全避免,但可以通过科学有效的手段尽可能地减少煤矿工人不安全行为与人因失误的发生,最大限度减少事故发生的概率。

本书从安全科学和认知神经科学创新交叉的视角,以煤矿工人脑功能连接为研究对象,依托 fNIRS 脑影像实验平台,分别对个人特质和轮班工作影响下的煤矿工人情景意识的认知神经机制开展了脑功能成像实验研究,揭示了不同条件下煤矿工人情景意识的神经生理特征,并在此基础上构建了煤矿工人情景意识分类识别模型;为客观、科学地量化煤矿工人情景意识提供了有效的数据参考,为现代化煤炭企业对煤矿工人人因失误倾向者进行实时检测提供了技术支撑,以进一步减少煤矿工人不安全行为/人因失误发生的概率,从认知神经科学的角度进一步助力推动了精准煤矿安全管理的发展。

(1)构建了煤矿工人情景意识全要素概念模型。以动态决策情景意识模型、人类行为 SOR 模型和大脑信息加工理论为基础,构建了煤矿工人情景意识全要素模型。该模型主要包括刺激、肌体和反应三大模块。其中,刺激模块为信息的输入层,主要包括组织、管理、环境、社会和机器等外部环境信息。肌体模块主要包括情景意识,认知功能和个体因素。以感知为基础的情景意识是信息感受器,认知功能为大脑信息加工器。认知功能是情景意识的神经生理表现。精神状态、身体状态、性格和人格等个体因素是情景意识和认知功能的重要影响因素。反应模块为不安全行为/人因失误输出层,是信息效应器。当环境信息与个体因素内任一子因素发生不利变化时,个体感知能力将受到影响,情景意识随之下降或者失效,从而引发个体认知功能下降,导致不安全行为/人因失误的发生;同时,个体不安全行为/人因失误也将反馈于环境信息。

(2)揭示并量化了煤矿工人人因失误倾向者的 fNIRS 脑功能连接特征。应用 fNIRS 脑影像实验平台,进行了实验一:对陕煤集团 H 公司的 106 名煤矿工人进行了静息态功能连接测试,采用皮尔逊相关系数分析、脑网络分析和 t 检验来研究煤矿工人人因失误倾向者脑功能连接的特征。结果显示,煤矿工人人因失误倾向者的脑功能连接特征为:其额叶区($p=0.002\ 325$)、眶额区($p=0.021\ 02$)和布洛卡三角区($p=0.028\ 88$)的脑功能连接与一般煤矿工人之间存在显著差异;且煤矿工人人因失误倾向者的背外侧前额叶皮层的脑网络在聚类系数($p=0.000\ 4$)、局部节点效率($p=0.038\ 4$)和全局节点效率($p=0.000\ 4$)上与一般煤矿工人存在显著差异。上述脑功能连接特征表明,煤矿工人人因失误倾向者的个人特质包括抑郁、冲动、高认知负荷,以及较弱的注意力控制能力、反应能力、执行能力、情绪稳定能力和工作记忆能力。

实验一的结果显示,基于 fNIRS 脑影像系统的静息态功能连接研究手段,可以揭示、量化煤矿工人人因失误倾向者的大脑神经生理特征,为现代化煤矿企业实现科学、精准识别煤矿工人人因失误倾向者提供了重要的技术支撑和数据参考。

(3)量化了不同班次轮班工作对煤矿工人 fNIRS 脑功能连接的影响。采用 fNIRS 脑影像实验平台,进行了实验二:对陕煤集团 H 公司的早班、午班和夜班共 54 名煤矿工人进行了岗前岗后 fNIRS 实验数据采集。采用 fNIRS 静息态功能连接方法,评估了早班、午班和夜班煤矿工人岗前岗后的脑功能连接变化。结果显示,三班煤矿工人的脑功能连接在岗前岗后均有显著差异($p<0.05$)。其中,午班煤矿工人岗前岗后的功能连接差异最大,其次是早班,夜班岗前岗后功能连接差异最小。相较于岗前,早班和午班的煤矿工人岗后功能连接显著降低。而夜班的情况则与早班和午班相反。三班岗前岗后的所有状态的前额叶皮层静息态脑功能网络都具有小世界属性,早班和夜班煤矿工人的前额叶皮层

的中介中心性和局部节点效率具有显著差异。上述轮班工人脑功能连接的变化表明:轮班煤矿工人的认知能力随着受教育水平的增加而提升;离异或丧偶的轮班煤矿工人的认知能力低于处于稳定婚姻关系的煤矿工人;早班、午班、夜班轮班工作对煤矿工人认知能力影响大小排序为:夜班＞午班＞早班;早班和午班轮班煤矿工人在工作结束时更容易出现注意力下降、多任务处理能力下降、情绪控制能力下降、疲劳和困倦等认知功能降低并伴随着脑网络信息转换效率显著下降的表现;早班、午班、夜班轮班煤矿工人岗前岗后的大脑前额叶皮层的脑网络均具有较高的工作效率;早班轮班煤矿工人的多任务处理能力在工作结束时显著下降;夜班轮班煤矿工人的情绪控制能力在工作结束时显著下降。

实验二的结果显示,基于 fNIRS 脑影像系统的静息态功能连接研究手段,可以从认知神经科学的角度量化早班、午班、夜班不同班次工作对煤矿工人脑功能连接神经生理的影响。为进一步提升轮班制度合理性,保障煤矿工人身心健康提供了重要量化指标和分析依据。

(4)煤矿工人情景意识是可以识别和量化分类的,且本书构建的 SVM 分类识别模型识别准确率较高,满足实际需要。在实验一和实验二采集的煤矿工人脑功能连接数据基础上,分别对煤矿工人人因失误倾向者和早班、午班、夜班三班轮班煤矿工人的大脑功能连接数据进行了研判估计。应用 t 检验优选了煤矿工人脑功能网络的特征,使用 SVM 分类器分别构建了四个分类识别模型对煤矿工人人因失误倾向者和早班、午班、夜班三班轮班煤矿工人岗前岗后的情景意识进行筛查。结果显示,SVM 分类器对煤矿工人人因失误倾向者情景意识识别的准确率为 84.21%,对早班煤矿工人岗前岗后情景意识识别的准确率为 97.06%,对午班煤矿工人岗前岗后情景意识识别的准确率为 83.33%,对晚班煤矿工人岗前岗后情景意识识别的准确率为 83.33%。本研究构建的基于 SVM 的煤矿工人情景意识分类识别模型为现代化煤矿企业实现科学、精准的煤矿工人个体情景意识排查、检测提供了重要的技术支持和量化数据参考。为政府提供了新的煤矿安全管理和公共安全管理量化思路,进一步促进了我国煤矿监察监管的精准化和科学化发展。

6.2 创新点

本书在安全学科中率先引入脑影像工具,通过对我国大型现代化煤矿中真实煤矿工人的实验测量,从脑科学的角度探讨了不同场景下煤矿工人情景意识的脑功能连接特征,并运用 SVM 模型量化识别了煤矿工人的情景意识。创新点和贡献主要包括以下几点。

(1) 从安全科学和认知神经科学融合的视角出发,构建了煤矿工人情景意识全要素模型,丰富了安全科学中煤矿工人人因失误/不安全行为的内在机制问题的研究视角。明晰了煤矿工人情景意识的影响因素,主要包括精神状态、身体状态、性格和人格等个体因素以及组织、管理、环境、社会和机器等外部环境因素。个体感知是煤矿工人情景意识的基础,煤矿工人的认知功能是煤矿工人情景意识的神经生理表现;当个体因素和环境因素中任一因素发生不利变化时,煤矿工人的情景意识将受影响或失效,进而引发不安全行为/人因失误。

(2) 从认知神经科学的角度揭示了煤矿工人人因失误倾向者的脑功能连接特征。应用 fNIRS 静息态功能连接、图论和脑网络分析方法,发现了煤矿工人人因失误倾向者与一般煤矿工人在前额叶中的不同脑区的大脑功能连接存在显著差异;量化了煤矿工人人因失误倾向者前额叶的脑网络指标;从脑科学的角度解释了煤矿工人发生不安全行为/人因失误的原因。研究结果为进一步探究煤矿工人不安全行为/人因失误发生的内在认知神经机制提供了方法支撑与数据参考。

(3) 从认知神经科学的角度明晰了轮班工作对煤矿工人脑功能连接的影响。应用 fNIRS 静息态功能连接、图论和脑网络分析方法,发现了轮班煤矿工人大脑前额叶功能连接在岗前岗后存在显著差异;分别量化了早班、午班、夜班煤矿工人岗前岗后的脑网络指标;从脑科学的角度探讨了轮班工作对煤矿工人精神状态的影响。研究结果为进一步科学、高效监测煤矿工人精神状态及精准安全调控提供了数据分析依据。

(4) 构建了基于脑功能连接特征的煤矿工人情景意识 SVM 分类识别模型。为应对现代化煤矿精准安全管理的新要求,切实做到风险关口前移,风险提前精准预判预控,全面落实对"人的隐患"精准排查。优选煤矿工人脑功能连接特征,设计了基于煤矿工人 fNIRS 静息态功能连接的关键特征 SVM 模型,实现了对不同场景下煤矿工人情景意识科学、精准的分类识别。

6.3 展望

不同生理、心理、社会、精神等个体属性的叠加统一存在于每一个个体人,造就了人的复杂性,也决定了人在不同情景意识下行为的难以控制性和不确定性;同时,个体行为失误机理的复杂性和研究的挑战性远大于机械和电子设备,因此,人因失误的辨识和预防一直是安全科学的重点与难点。人的情景意识、人因失误的科学识别和精准防控是安全科学中富有前景的一项系统工程。研究致力于探究煤矿工人情景意识-不安全行为/人因失误的内在认知神经机制,精准有效排查"人的隐患",旨在有效避免煤矿工人不安全行为/人因失误的发生。本书所述研究仅仅是打开了这项系统工程的一个窗口,未来我们尚应在以下几方面进行深入研究。

(1)本书所述研究应用 fNIRS 静息态功能连接的方法初步探究了个体因素和组织因素影响下的煤矿工人情景意识的认知神经机制。在未来的研究中,可以采用多学科交叉融合的研究方法,将 fNIRS 与心理量表和行为实验相结合,以主观测量和客观测量相结合的方式进一步探究煤矿工人情景意识-不安全行为/人因失误的认知神经机制。此外,未来的研究也可以引入描述血红蛋白变化时间/过程的其他研究指标和机器学习方法,进一步探索煤矿工人情景意识-不安全行为/人因失误的神经心理机制。

(2)本实验研究仅是以陕煤集团 H 公司的煤矿工人为研究对象。为验证实验结果的稳定性和信效度,未来研究可以对同一煤矿工人进行跟踪式的多次重复测量,以进一步探究煤矿工人情景意识-不安全行为/人因失误的认知神经机制。此外,未来研究应推广到煤矿行业的其他企业中去,扩大研究样本并建立行业样本数据库,从脑科学的角度深入探究我国煤矿工人不安全行为的发生机制及防控方法。

参考文献

[1] 刘盼盼. 双重预防机制,矿山企业安全的晴雨表:中国矿业大学李爽教授团队谈双重预防机制的研究和实践[N]. 中国矿业报,2019-06-26(3).

[2] GOH Y M, UBEYNARAYANA C U, WONG K L X, et al. Factors influencing unsafe behaviors: A supervised learning approach[J]. Accident Analysis & Prevention, 2018, 118: 77-85.

[3] HEINRICH H W. Industrial Accident Prevention. A Scientific Approach. [M]. Second Edition New York: McGraw-Hill Book Company, Inc., 1941.

[4] TONG R, YANG X Y, LI H W, et al. Dual process management of coal miners' unsafe behaviour in the Chinese context: Evidence from a meta-analysis and inspired by the JD-R model[J]. Resources Policy, 2019, 62(C): 205-217.

[5] 国家矿山安全监察局. 全国矿山安全生产工作会议:2021年全国矿山事故起数下降15.8%[EB/OL]. 中华人民共和国中央人民政府国家矿山安全监察局,2022. (2022-01-17)[2024-03-05]. https://www.chinaminesafety.gov.cn/xw/mkaqjcxw/202201/t20220117-406788.shtml.

[6] LIU Q L, Li X C, HASSALL M. Evolutionary game analysis and stability control scenarios of coal mine safety inspection system in China based on system dynamics[J]. Safety Science, 2015, 80: 13-22.

[7] CHEN H, QI H, LONG R Y, et al. Research on 10-year tendency of China coal mine accidents and the characteristics of human factors[J]. Safety science, 2012, 50(4): 745-750.

[8] POPLIN G S, MILLER H B, RANGER-MOORE J, et al. International evaluation of injury rates in coal mining: a comparison of risk and compli-

ance-based regulatory approaches[J]. Safety Science, 2008, 46(8): 1196 - 1204.

[9] ZHANG J S, FU J, HAO H Y, et al. Root causes of coal mine accidents: characteristics of safety culture deficiencies based on accident statistics[J]. Process Safety and Environmental Protection, 2020, 136: 78 - 91.

[10] KHANZODE V V, MAITI J, RAY P K. A methodology for evaluation and monitoring of recurring hazards in underground coal mining[J]. Safety Science, 2011, 49(8): 1172 - 1179.

[11] YIN W T, FU G, YANG C, et al. Fatal gas explosion accidents on Chinese coal mines and the characteristics of unsafe behaviors: 2000 - 2014 [J]. Safety Science, 2017, 92: 173 - 179.

[12] PATTERSON J M, SHAPPELL S A. Operator error and system deficiencies: analysis of 508 mining incidents and accidents from Queensland, Australia using HFACS[J]. Accident Analysis & Prevention, 2010, 42(4): 1379 - 1385.

[13] SKOGDALEN J E, VINNEM J E. Quantitative risk analysis offshore: Human and organizational factors[J]. Reliability Engineering & System Safety, 2011, 96(4): 468 - 479.

[14] SALMON P Stanton M L, Lenne M, et al. Human factors methods and accident analysis: practical guidance and case study applications [M]. Farnham, UK: Ashgate Publishing Ltd., 2011.

[15] 安全监管总局网站. 国务院安委办出台意见推进构建风险管控隐患治理双重预防机制[EB/OL]. (2016 - 10 - 13)[2024 - 03 - 05]. http://www.gov.cn/xinwen/2016 - 10/13/content_5118758.htm.

[16] ENDSLEY M R. Design and evaluation for situation awareness enhancement[J]. Proceedings of the Human Factors Society Annual Meeting,

1988，32(2)：97-101.

[17] 刘伟，袁修干. 人机交互设计与评估[M]. 北京：科学出版社，2008.

[18] LIU R L, CHENG W M, YU Y B, et al. Human factors analysis of major coal mine accidents in China based on the HFACS-CM model and AHP method[J]. International Journal of Industrial Ergonomics，2018，68：270-279.

[19] CHEN Z, QIAO G, ZENG J. Study on the relationship between worker states and unsafe behaviours in coal mine accidents based on a bayesian networks model[J]. Sustainability，2019，11(18)：5021.

[20] ONIFADE M. Towards an emergency preparedness for self-rescue from underground coal mines[J]. Process Safety and Environmental Protection，2021，149：946-957.

[21] RUBINOV M, SPORNS O. Complex network measures of brain connectivity：Uses and interpretations[J]. NeuroImage，2010，52(3)：1059-1069.

[22] CARLÉN M. What constitutes the prefrontal cortex？[J]. Science，2017，358(6362)：478-482.

[23] 盖奇，巴斯. 认知、大脑和意识[M]. 上海：上海人民出版社，2015.

[24] PAN Y, BORRAGÁN G, PEJGNEUX P. Applications of functional near-infrared spectroscopy in fatigue, sleep deprivation, and social cognition[J]. Brain Topography，2019，32(6)：998-1012.

[25] 范维澄，苗鸿雁，袁亮，等. 我国安全科学与工程学科"十四五"发展战略研究[J]. 中国科学基金，2021，35(6)：864-870.

[26] 曹庆仁，李凯，李静林. 管理者行为对矿工不安全行为的影响关系研究[J]. 管理科学，2011，24(6)：71-80.

[27] LI J Z, LI Y, LIU X. Development of a universal safety behavior management system for coal mine workers[J]. Iranian journal of public health，2015，44(6)：759-771.

[28] 李红霞, 李思琦. 煤矿工人安全认知与不安全行为关系研究[J]. 煤矿安全, 2017(11): 233-236.

[29] WANG C, WANG J, WANG X, et al. Exploring the impacts of factors contributing to unsafe behavior of coal miners[J]. Safety science, 2019, 115: 339-348.

[30] 李元龙. 煤矿工人心理韧性、安全态度与安全行为的影响关系研究[D]. 北京: 中国地质大学, 2020.

[31] SENAPATI A, BHATTACHERJEE A, CHATTERJEE S. Causal relationship of some personal and impersonal variates to occupational injuries at continuous miner worksites in underground coal mines[J]. Safety Science, 2022, 146: 105562.

[32] 周刚, 程卫民, 诸葛福民, 等. 人因失误与人不安全行为相关原理的分析与探讨[J]. 中国安全科学学报, 2008, 18(3): 10-14.

[33] WU L R, JIANG Z, CHENG W, et al. Major accident analysis and prevention of coal mines in China from the year of 1949 to 2009[J]. Mining Science and Technology: China, 2011, 21(5): 693-699.

[34] 宋泽阳, 任建伟, 程红伟, 等. 煤矿安全管理体系缺失和不安全行为研究[J]. 中国安全科学学报, 2011, 21(11): 128-135.

[35] HE G, ZHANG H, QIAO G T. Systematic analysis of coal miners' safety behavior based on system dynamics model[J]. Applied Mechanics and Materials, 2014, 556-562: 6232-6235.

[36] ZHANG Y Y, SHAO W, ZHANG M, et al. Analysis 320 coal mine accidents using structural equation modeling with unsafe conditions of the rules and regulations as exogenous variables[J]. Accident Analysis & Prevention, 2016, 92: 189-201.

[37] FU G, XIE X, JIA Q, et al. Accidents analysis and prevention of coal

and gas outburst: Understanding human errors in accidents[J]. Process Safety and Environmental Protection, 2020, 134: 1 - 23.

[38] FA Z W, Li X, QIU Z, et al. From correlation to causality: path analysis of accident-causing factors in coal mines from the perspective of human, machinery, environment and management[J]. Resources Policy, 2021, 73: 102157.

[39] 田水承, 薛明月, 李广利, 等. 基于因子分析法的矿工不安全行为影响因素权重确定[J]. 矿业安全与环保, 2013, 40(5): 113 - 116.

[40] 田水承, 李停军, 李磊, 等. 基于分层关联分析的矿工不安全行为影响因素分析[J]. 矿业安全与环保, 2013, 40(3): 125 - 128.

[41] 李琰, 赵梓焱, 田水承, 等. 矿工不安全行为研究综述[J]. 中国安全生产科学技术, 2016, 12(8): 47 - 54.

[42] QIAO W G, LIU Q, LI X, et al. Using data mining techniques to analyze the influencing factor of unsafe behaviors in Chinese underground coal mines[J]. Resources Policy, 2018, 59: 210 - 216.

[43] 黄辉, 张雪. 煤矿员工不安全行为研究综述[J]. 煤炭工程, 2018, 50(6): 123 - 127.

[44] 胡利军, 陈建华. 煤矿安全中关键人因失误因素的识别研究[J]. 南华大学学报: 社会科学版, 2007, 8(3): 31 - 34.

[45] 李磊, 田水承, 邓军, 等. 矿工不安全行为影响因素分析及控制对策[J]. 西安科技大学学报, 2011, 31(6): 794 - 798.

[46] 刘双跃, 陈丽娜, 周佩玲, 等. 矿工不安全行为致因分析及控制[J]. 中国安全生产科学技术, 2013, 9(1): 158 - 163.

[47] 赵泓超, 田水承, 邓增社, 等. 基于层次分析法的矿工不安全行为后果严重程度研究[J]. 煤炭工程, 2014, 46(7): 117 - 120.

[48] 田水承, 刘芬, 杨禄, 等. 基于计划行为理论的矿工不安全行为研究[J].

矿业安全与环保，2014，41(1)：109-112.

[49] 田水承，杨鹏飞，李磊，等. 矿工不良情绪影响因素及干预对策研究[J]. 矿业安全与环保，2016，43(6)：99-102.

[50] 田水承，董威松，沈小清，等. 基于 Netlogo 的矿工不安全行为传播仿真研究[J]. 安全与环境学报，2019，19(6)：2016-2022.

[51] 李红霞，任家和. 基于 ISM 法的矿工不安全行为影响因素分析[J]. 煤炭技术，2017，36(8)：296-298.

[52] 李红霞，李妍雯. 安全信息认知视角下矿工个体安全信息力影响因素研究[J]. 西安科技大学学报，2019，39(5)：867-874.

[53] BUTLEWSKI M，DAHLKE G，DRZEWIECKA M，et al. Fatigue of miners as a key factor in the work safety system[J]. Procedia Manufacturing，2015，3：4732-4739.

[54] 常悦，薛利国. 基于层次分析法的矿山监控应用[J]. 山东工业技术，2016(13)：136-137.

[55] 史德强，靳波，陆刚，等. 某钨矿掘进工作面人因失误评价研究[J]. 中国钨业，2016，31(1)：68-73.

[56] VERMA S，CHAUDHARI S. Safety of workers in Indian mines：Study, analysis, and prediction[J]. Safety and Health at Work，2017，8(3)：267-275.

[57] 席晓娟. 煤矿安全管理体系缺失和不安全行为研究[J]. 能源与节能，2017(5)：34-37.

[58] 赵梓焱，李琰，豆静. 基于成本收益的矿工不安全行为多主体模型构建与分析[D]. 西安：西安科技大学，2018.

[59] WANG L L，CAO Q，ZHOU L. Research on the influencing factors in coal mine production safety based on the combination of DEMATEL and ISM[J]. Safety Science，2018，103：51-61.

[60] 张瑜. 基于本体的矿工不安全行为知识表示和推理研究[D]. 徐州：中国

矿业大学，2020.

[61] CAO Q G, YU K, ZHOU L, et al. In-depth research on qualitative simulation of coal miners' group safety behaviors[J]. Safety Science, 2019, 113：210-232.

[62] 黄知恩，李明，廖国礼，等. 基于HFACS的高原矿山作业疲劳与人因失误率浅析[J]. 黄金科学技术，2020，28(4)：610-618.

[63] 牛莉霞，刘洁，李乃文. 人因失误驱动力SBM跨层次模型[J]. 中国安全科学学报，2020，30(12)：43-51.

[64] 杨雪，冯念青，张瀚元，等. 情感事件视角矿工不安全行为影响因素SD仿真[J]. 煤矿安全，2020，51(3)：252-256.

[65] 安宇，王祎，李子琪，等. 基于TPB的矿工不安全行为形成机制[J]. 中国安全科学学报，2020，30(10)：24-30.

[66] 吕威建，吕永卫. 工作负荷与矿工不安全行为的关系研究[J]. 煤炭技术，2020，39(12)：181-184.

[67] 李红霞，樊恒子，张嘉琦，等. 智慧矿山工人人因失误影响因素研究[J]. 西安科技大学学报，2021，41(6)：1090-1097.

[68] DI H X, SBEIH A, Shibly F H A. Predicting safety hazards and safety behavior of underground coal mines[J]. Soft Computing, 2021：1-13.

[69] QIAO W G. Analysis and measurement of multifactor risk in underground coal mine accidents based on coupling theory[J]. Reliability Engineering & System Safety, 2021, 208：107433.

[70] ZUPANC C M, BURGESS-LIMERICK R J, WALLIS G. Performance consequences of alternating directional control-response compatibility: evidence from a coal mine shuttle car simulator[J]. Human Factors, 2007, 49(4)：628-636.

[71] QUICK B L, STEPHENSON M T, WITTE K, et al. An examination of antecedents to coal miners' hearing protection behaviors: A test of the theory of

planned behavior[J]. Journal of Safety Research,2008,39(3):329-338.

[72] 赵泓超. 基于生理-心理测量的矿工不安全行为实验研究[D]. 西安:西安科技大学,2012.

[73] 田水承,李磊,邓军,等. 基于BioLAB的矿工不安全行为与噪声关系试验研究[J]. 中国安全科学学报,2013,23(3):10-15.

[74] 田水承,乌力吉,寇猛,等. 基于生理实验的矿工不安全行为与疲劳关系研究[J]. 西安科技大学学报,2016,36(3):324-330.

[75] 田水承,张德桃. 高温联合噪声对矿工不安全行为的影响研究[J]. 煤矿安全,2019,50(2):241-244.

[76] 杨妍. 矿工疲劳与不安全行为的实验研究[D]. 西安:西安科技大学,2013.

[77] 张羽. 基于生理测量的疲劳与矿工不安全行为关系研究[D]. 西安:西安科技大学,2014.

[78] 吴红玉. 基于生理测量的矿工不安全行为实验研究[D]. 焦作:河南理工大学,2016.

[79] 车丹丹. 矿工警觉度对不安全行为的影响研究[D]. 西安:西安科技大学,2017.

[80] Yu Y, LV Y Y. Application study of BBS on unsafe behavior and psychology of coal miners[J]. Neuroquantology, NeuroQuantology, 2018, 16(4):52-61.

[81] 寇猛. 矿工安全行为能力差异的实验测量研究[J]. 矿业安全与环保,2018,45(1):74-76.

[82] CHEN S K, XU K, ZHENG X, et al. Linear and nonlinear analyses of normal and fatigue heart rate variability signals for miners in high-altitude and cold areas[J]. Computer Methods and Programs in Biomedicine, 2020, 196:105667.

［83］CHEN S K，XU K，YAO X，et al. Psychophysiological data-driven multi-feature information fusion and recognition of miner fatigue in high-altitude and cold areas［J］. Computers in Biology and Medicine，2021，133：104413.

［84］CHEN S K，XU K，YAO X，et al. Information fusion and multi-classifier system for miner fatigue recognition in plateau environments based on electrocardiography and electromyography signals［J］. Computer Methods and Programs in Biomedicine，2021，211：106451.

［85］张心怡. 基于本体的矿工不安全行为判识方法研究［D］. 徐州：中国矿业大学，2020.

［86］TONG R P，WANG X，ZHANG N，et al. An experimental approach for exploring the impacts of work stress on unsafe behaviors［J］. Psychology，Health & Medicine，2021：1－8.

［87］LI J，QIN Y，YANG L，et al. A simulation experiment study to examine the effects of noise on miners' safety behavior in underground coal mines［J］. BMC Public Health，2021，21(1)：324.

［88］LI J，WANG Z，QIN Y，et al. Study on the influence of an underground low-light environment on human safety behavior［J］. International Journal of Occupational Safety and Ergonomics，2020：1－10.

［89］LI B，WANG E，SHANG Z，et al. Quantification study of working fatigue state affected by coal mine noise exposure based on fuzzy comprehensive evaluation［J］. Safety Science，2022，146：105577.

［90］陈庆峰. 矿井皮带区域矿工不安全行为识别方法的研究［D］. 徐州：中国矿业大学，2019.

［91］杨赛烽. 基于Kinect的罐笼内矿工不安全行为识别方法研究［D］. 徐州：中国矿业大学，2019.

[92]佟瑞鹏,张艳伟. 人工智能技术在矿工不安全行为识别中的融合应用[J]. 中国安全科学学报,2019,29(1):7-12.

[93]仝泽友. 基于RGB图像的皮带区矿工不安全行为识别研究[D]. 徐州:中国矿业大学,2020.

[94]陈天. 基于改进双流算法的矿工不安全行为识别方法研究[D]. 徐州:中国矿业大学,2021.

[95]DING E J,LIU Z Y,LIU Y F,et al. Unsafe Action Recognition of Miners Based on Video Description[C]//IEEE. 2019 IEEE Globecom Workshops. Waikoloa,HI,VSA:IEEE,2019:1-4.

[96]徐达炜. 基于注意力和人体关键点的井下矿工不安全行为识别算法研究[D]. 徐州:中国矿业大学,2021.

[97]BRATT S. Measuring situational awareness aptitude using functional near-infrared spectroscopy[C]//FIDOPIASTIS C M,SCHMORROW D D. Foundations of Augmented Cognition:9th International Conference,AC 2015,Held as Part of HCI International 2015. Los Angeles:Springer Verlay. 2015,9183:244-255.

[98]TSUNASHIMA H,YANAGISAWA K. Measurement of Brain Function of Car Driver Using Functional Near-Infrared Spectroscopy (fNIRS)[J]. Computational Intelligence and Neuroscience,2009:164958.

[99]JEON M,WALKER B N,GABLE T M. Anger effects on driver situation awareness and driving performance[J]. Presence:Teleoperators and Virtual Environments,2014,23(1):71-89.

[100]LIU T,PELOWSKI M,PANG C,et al. Near-infrared spectroscopy as a tool for driving research[J]. Ergonomics,2016,59(3):368-379.

[101]LIU T. Positive correlation between drowsiness and prefrontal activation during a simulated speed-control driving task[J]. NeuroReport,2014,25(16):

1316-1319.

[102] UNNI A, IHME K, SURM H, et al. Brain activity measured with fNIRS for the prediction of cognitive workload[C]//2015 6th IEEE International Conference on Cognitive Infocommunications. Gyor, Hungary: IEEE, 2015: 349-354.

[103] FOY H J, RUNHAM P, CHAPMAN P. Prefrontal cortex activation and young driver behaviour: A fNIRS study[J]. Plos One, 2016, 11(5): e0156512.

[104] AHN S, NGUYEN T, JANG H, et al. Exploring neuro-physiological correlates of drivers' mental fatigue caused by sleep deprivation using simultaneous EEG, ECG, and fNIRS data[J]. Frontiers in Human Neuroscience, 2016, 10: 219.

[105] 赵越. 可绝对量检测的近红外光谱脑功能成像及疲劳驾驶研究[D]. 成都: 电子科技大学, 2016.

[106] SIRKIN D, MARTELARO N, JOHNS M, et al. Toward measurement of situation awareness in autonomous vehicles[C]//Proceedings of the 2017 CHI Conference on Human Factors in Computing Systems. New York, NY, USA: Association for Computing Machinery, 2017: 405-415.

[107] LIU Z A, ZHANG M, XU G, et al. Effective connectivity analysis of the brain network in drivers during actual driving using near-infrared spectroscopy[J]. Frontiers in Behavioral Neuroscience, 2017, 11: 211.

[108] XU LW, WANG B, XU G, et al. Functional connectivity analysis using fNIRS in healthy subjects during prolonged simulated driving[J]. Neuroscience Letters, 2017, 640: 21-28.

[109] 王碧天. 基于虚拟现实和近红外脑氧信号的驾驶员脑功能评估技术研究[D]. 济南: 山东大学, 2017.

[110] 高原. 无线近红外脑功能成像仪及驾驶疲劳研究[D]. 成都：电子科技大学，2017.

[111] 徐功铖. 基于近红外光谱技术的驾驶员注意力分散态脑功能连接特性分析[D]. 济南：山东大学，2018.

[112] KHAN R A, NASEER N, KHAN M J. Drowsiness detection during a driving task using fNIRS[J]. Neuroergonomics，2019：79-85.

[113] 霍聪聪. 驾驶员误踩操作行为的近红外脑功能效应连接机理分析[D]. 济南：山东大学，2019.

[114] LOHANI M, PAYNE B R, STRAYER D L, et al. A review of psychophysiological measures to assess cognitive states in real-world driving [J]. Frontiers in Human Neuroscience，2019，13：57.

[115] MUHUNDAN S, JEON M. Effects of native and secondary language processing on emotional drivers' situation awareness, driving performance, and subjective perception[C]//13th International Conference on Automotive User Interfaces and Interactive Vehicular Applications. New York, NY, USA: Association for Computing Machinery, 2021：255-262.

[116] HU M, SHEALY T, HALLOWELL M, et al. Advancing construction hazard recognition through neuroscience: Measuring cognitive response to hazards using functional near infrared spectroscopy[C]// WANG C, HARPER C, LEE Y, et al. Construction Research Congress 2018: Safety and Disaster Management New Orleans, Louisiana: America Soiety of Civil Engineers, 2018：134-143.

[117] SHI Y M, ZHU Y B, MEHTA R K, et al. A neurophysiological approach to assess training outcome under stress: A virtual reality experiment of industrial shutdown maintenance using functional near-Infrared spectroscopy (fNIRS)[J]. Advanced Engineering Informatics，2020，

46：101153.

[118] 潘津津,焦学军,姜劲,等. 利用功能性近红外光谱成像方法评估脑力负荷[J]. 光学学报,2014,34(11)：344-349.

[119] HIRSHFIELD L, COSTA M, BANDARA D, et al. Measuring situational awareness aptitude using functional near-infrared spectroscopy[C]// SCHMORROW D D, FIDOPIASTIS C M, Foundations of Augmented Cognition Cham：Springer International Publishing, 2015：244-255.

[120] GATEAU T, DURANTIN G, LANCELOT F, et al. Real-time state estimation in a flight simulator using fNIRS[J]. Plos One, 2015, 10(3)：e0121279.

[121] 姜劲,焦学军,潘津津,等. 利用fNIRS研究情绪状态下的脑力负荷评估[J]. 光学学报,2016,36(5)：183-195.

[122] CAUSSE M, CHUA Z, PEYSAKHOVICH V, et al. Mental workload and neural efficiency quantified in the prefrontal cortex using fNIRS[J]. Scientific Reports, 2017, 7(1)：5222.

[123] DEHAIS F, DUPERES A, FLUMERI G D, et al. Monitoring pilot's cognitive fatigue with engagement features in simulated and actual flight conditions using an hybrid fNIRS-EEG passive BCI[C]//IEEE. 2018 IEEE International Conference on Systems, Man, and Cybernetics：SMC 2018. Miyazaki, 2018：544-549.

[124] VERDIÈRE K J, ROY R N, DEHAIS F. Detecting pilot's engagement using fNIRS connectivity features in an automated VS. manual landing scenario[J]. Frontiers in Human Neuroscience, 2018, 12：6.

[125] CAUSSE M, CHUA Z K, RÉMY F. Influences of age, mental workload, and flight experience on cognitive performance and prefrontal activity in private pilots：A fNIRS study[J]. Scientific Reports, 2019, 9

(1)：7688.

[126] 范诗琪. 远洋船舶驾驶员情绪和工作负荷定量分析及人因失误关联性研究[D]. 武汉：武汉理工大学，2020.

[127] FAN S Q, BLANCO-DAVIS E, ZHANG J, et al. The role of the prefrontal cortex and functional connectivity during maritime operations: an fNIRS study[J]. Brain and Behavior, 2021, 11(1)：e01910.

[128] 高龙龙. 流水单元下基于 fNIRS 的脑力疲劳对绩效的影响机制与因应[D]. 镇江：江苏科技大学，2017.

[129] FISHBURN F A, NORR M, MEDVEDEV A, et al. Sensitivity of fNIRS to cognitive state and load[J]. Frontiers in Human Neuroscience, 2014, 8：76.

[130] MCKENDRICK R, PARASURAMAN R, Murtza R, et al. Into the wild: neuroergonomic differentiation of hand-held and augmented reality wearable displays during outdoor navigation with functional near infrared spectroscopy[J]. Front in Human Neuroscience, 2016, 10：216.

[131] AGHAJANI H, GARBEY M, OMURTAG A. Measuring mental workload with EEG＋fNIRS[J]. Frontiers in Human Neuroscience, 2017, 11：359.

[132] MARK J, CURTIN A, KRAFT A E, et al. Multimodal cognitive workload assessment using EEG, fNIRS, ECG, EOG, PPG, and Eye-tracking[J]. Frontiers in Human Neuroscience, 2018, 12：n.

[133] PARENT M, PEYSAKHOVICH V, MANDRICK K, et al. The diagnosticity of psychophysiological signatures: Can we disentangle mental workload from acute stress with ECG and fNIRS? [J]. International Journal of Psychophysiology, 2019, 146：139-147.

[134] KHAN M J, HONG K S. Passive BCI based on drowsiness detection: An

fNIRS study[J]. Biomedical Optics Express, 2015, 6(10): 4063-4078.

[135] MYRDEN A, CHAU T. Effects of user mental state on EEG-BCI performance[J]. Frontiers in Human Neuroscience, 2015, 9: 308.

[136] NGUYEN T, BABAWALE O, KIM T, et al. Exploring brain functional connectivity in rest and sleep states: a fNIRS study[J]. Scientific Reports, 2018, 8(1): 16144.

[137] BORRAGÁN G, GUERRERO-MOSQUERA C, GUILLAUME C, et al. Decreased prefrontal connectivity parallels cognitive fatigue-related performance decline after sleep deprivation: An optical imaging study [J]. Biological Psychology, 2019, 144: 115-124.

[138] RADEL R, BRISSWALTER J, PERREY S. Saving mental effort to maintain physical effort: a shift of activity within the prefrontal cortex in anticipation of prolonged exercise[J]. Cognitive, Affective, & Behavioral Neuroscience, 2017, 17(2): 305-314.

[139] DEHAIS F, HODGETTS H M, CAUSSE M, et al. Momentary lapse of control: A cognitive continuum approach to understanding and mitigating perseveration in human error[J]. Neuroscience & Biobehavioral Reviews, 2019, 100: 252-262.

[140] 王思锐. 基于近红外光谱技术的情绪识别算法的研究[D]. 兰州：兰州大学, 2019.

[141] 王恩慧. 基于EEG-fNIRS的情绪识别系统研究[D]. 长春：吉林大学, 2020.

[142] ZHANG H, ZHANG Y J, LU C M, et al. Functional connectivity as revealed by independent component analysis of resting-state fNIRS measurements[J]. NeuroImage, 2010, 51(3): 1150-1161.

[143] LU C M, ZHANG Y J, BISWAL B B, et al. Use of fNIRS to assess

resting state functional connectivity[J]. Journal of Neuroscience Methods, 2010, 186(2): 242-249.

[144] GENG S J, LIU X Y, BISWAL B B, et al. Effect of resting-state fNIRS scanning duration on functional brain connectivity and graph theory metrics of brain network[J]. Frontiers in Neuroscience, 2017, 11: 12.

[145] WANG J Y, DONG Q, NIU H. The minimum resting-state fNIRS imaging duration for accurate and stable mapping of brain connectivity network in children[J]. Scientific Reports, 2017, 7(1): 6461.

[146] ZHANG Y J, ZHU C. Assessing brain networks by resting-state dynamic functional connectivity: An fNIRS-EEG study[J]. Frontiers in Neuroscience, 2020, 13: 1430.

[147] YAQUB M A, WOO S W, HONG K S. Effects of HD-tDCS on resting-state functional connectivity in the prefrontal cortex: An fNIRS study [J]. Complexity, 2018: 1613402.

[148] ZHU H L, XU J, LI J, et al. Decreased functional connectivity and disrupted neural network in the prefrontal cortex of affective disorders: A resting-state fNIRS study[J]. Journal of Affective Disorders, 2017, 221: 132-144.

[149] NIU H J, HE Y. Resting-state functional brain connectivity: lessons from functional near-infrared spectroscopy[J]. The Neuroscientist, 2014, 20(2): 173-188.

[150] 赵佳. 基于 fNIRS 的脑功能连接研究综述[J]. 北京生物医学工程, 2015, 34(6): 633-638.

[151] IEONG H F, YUAN Z. Abnormal resting-state functional connectivity in the orbitofrontal cortex of heroin users and its relationship with anxiety: A pilot fNIRS study[J]. Scientific Reports, 2017, 7(1): 46522.

[152] HU Z S, LIU G, DONG Q, et al. Applications of resting-state fNIRS in

the developing brain: A review from the connectome perspective[J]. Front Neurosci, 2020,14: 476.

[153] RAICHLEN D A, BHARADWAJ P K, FITZHUGH M C, et al. Differences in resting state functional connectivity between young adult endurance athletes and healthy controls[J]. Frontiers in Human Neuroscience, 2016, 10: 610.

[154] RACZ F S, MUKLI P, NAGY Z, et al. Increased prefrontal cortex connectivity during cognitive challenge assessed by fNIRS imaging[J]. Biomedical Optics Express, 2017, 8(8): 3842－3855.

[155] HARRIVELL A R, WEISSMAN D, NOLL D, et al. Monitoring attentional state with fNIRS[J]. Frontiers in Human Neuroscience, 2013, 7: 861.

[156] WANG M J, HU Z, LIU L, et al. Disrupted functional brain connectivity networks in children with attention-deficit/hyperactivity disorder: Evidence from resting-state functional near-infrared spectroscopy[J]. Neurophotonics, 2020, 7(1): 1－13.

[157] DEVANEY K J, LEVIN E J, TRIPATHI V, et al. Attention and default mode network assessments of meditation experience during active cognition and rest[J]. Brain Sciences, 2021, 11(5): 566.

[158] BU L G, WANG D, HUO C, et al. Effects of poor sleep quality on brain functional connectivity revealed by wavelet-based coherence analysis using NIRS methods in elderly subjects[J]. Neuroscience Letters, 2018, 668: 108－114.

[159] SHIRZADI S, EINALOU Z, DADGOSTAR M. Investigation of functional connectivity during working memory task and hemispheric lateralization in left-and right-handers measured by fNIRS[J]. Optik, 2020, 221: 165347.

[160] CHEN Y, TANG J, CHEN Y, et al. Amplitude of fNIRS resting-state global signal is related to EEG vigilance measures: A simultaneous fNIRS and EEG study [J]. Frontiers in Neuroscience, 2020, 14: 560878.

[161] SAN-JUAN J, HU X S, LSSA M, et al. Tinnitus alters resting state functional connectivity (RSFC) in human auditory and non-auditory brain regions as measured by functional near-infrared spectroscopy (fNIRS)[J]. Plos One, 2017, 12(6): 1-20.

[162] ZHANG Y J, LU C M, BISWAL B B, et al. Detecting resting-state functional connectivity in the language system using functional near-infrared spectroscopy[J]. Journal of Biomedical Optics, 2010, 15(4): 1-8.

[163] BALCONI M, VANUTELLI M E, GRIPPA E. Resting state and personality component (BIS/BAS) predict the brain activity (EEG and fNIRS measure) in response to emotional cues[J]. Brain and Behavior, 2017, 7(5): e00686.

[164] YU L L, LONG Q, TANG Y, et al. Improving emotion regulation through real-time neurofeedback training on the right dorsolateral prefrontal cortex: evidence from behavioral and brain network analyses[J]. Front Human Neurosci, 2021, 15: 620342.

[165] 杜炜龙. 基于功能近红外光谱成像的抑郁症患者自动识别[D]. 北京：北京理工大学, 2015.

[166] DADGOSTAR M, SETAREHDAN S K, SHAHZADI S, et al. Classification of schizophrenia using SVM via fNIRS[J]. Biomedical Engineering: Applications, Basis and Communications, 2018, 30(2): 1850008.

[167] ABTAHI M, BORGHEAI S B, JAFARI R, et al. Merging fNIRS-EEG brain monitoring and body motion capture to distinguish parkinsons dis-

ease[J]. IEEE Transactions on Neural Systems and Rehabilitation Engineering, 2020, 28(6): 1246 – 1253.

[168] ZHU Y Y, GILMAN J, EVINS A E, et al. Detecting cannabis-associated cognitive impairment using resting-state fNIRS[C]//SHEN D G, LIN T M, PETERS T M, et al. Medical Image Computing and Computer-Assisted Intervention. Berlin, Heidelberg: Springer Verlag, 2019: 146 – 154.

[169] YOO S-H, HONG K S. Hemodynamics analysis of patients with mild cognitive impairment during working memory tasks[C]// 2019 41st Annual International Conference of the IEEE Engineering in Medicine and Biology Society (EMBC). IEEE, 2019: 4470 – 4473.

[170] KATMAH R, Al-SHARGIE F, TARIQ U, et al. Connectivity analysis under mental stress using fNIRS[C]//2021 4th International Conference on Bio-Engineering for Smart Technologies (BioSMART). IEEE, 2021: 1 – 4.

[171] PARSHI S, AMIN R, AZGOMI H F, et al. Mental workload classification via hierarchical latent dictionary learning: A functional near infrared spectroscopy study[C]//2019 IEEE EMBS International Conference on Biomedical & Health Informatics (BHI). IEEE, 2019: 1 – 4.

[172] WANG H T, LIU X, LI J, et al. Driving fatigue recognition with functional connectivity based on phase synchronization[J]. IEEE Transactions on Cognitive and Developmental Systems, 2021, 13(3): 668 – 678.

[173] 杨家忠, 张侃. 情景意识的理论模型、测量及其应用[J]. 心理科学进展, 2004, 12(6): 842 – 850.

[174] ENDSLEY M R, GARLAND D J. Situation awareness analysis and measurement[M]. New York, NY, USA: CRC Press, 2000.

[175] GREENWOOD M, WOODS H M. The incidence of industrial accidents upon individuals with special reference to multiple accidents[M]. London: Her Majesty's Stationery Office, 1919.

[176] SMILLIE R J, AYOUB M A. Accident causation theories: A simulation approach[J]. Journal of Occupational Accidents, 1976, 1(1): 47-68.

[177] NEELEMAN J, WESSELY S, WADSWORTH M. Predictors of suicide, accidental death, and premature natural death in a general-population birth cohort[J]. The Lancet, 1998, 351(9096): 93-97.

[178] VISSER E, PIJL Y J, STOLK R P, et al. Accident proneness, does it exist? A review and meta-analysis[J]. Accident Analysis & Prevention, 2007, 39(3): 556-564.

[179] DAY A J, BRASHER K, BRIDGER R S. Accident proneness revisited: The role of psychological stress and cognitive failure[J]. Accident Analysis & Prevention, 2012, 49: 532-535.

[180] SHAPPELL S A, WIEGMANN D A. A human error approach to accident investigation: The taxonomy of unsafe operations[J]. The International Journal of Aviation Psychology, 1997, 7(4): 269-291.

[181] SHAPPELL S A, WIEGMANN D A. A human error approach to aviation accident analysis[M]. London: Ashgate Pub Co, 2003.

[182] LENNÉ M G, SALMON P M, LIU C C, et al. A systems approach to accident causation in mining: An application of the HFACS method[J]. Accident Analysis & Prevention, 2012, 48: 111-117.

[183] 罗宾逊-瑞格勒. 认知心理学[M]. 北京: 人民邮电出版社, 2020.

[184] LEWIN K. Manual of child psychology-behavior and development as a function of the total situation[M]. Hoboken, NJ, US: John Wiley & Sons Inc, 1946.

[185] 安德森. 认知心理学及其启示[M]. 北京：人民邮电出版社，2012.

[186] 马庆国. 认知神经科学，神经经济学与神经管理学[J]. 管理世界，2006，11(10)：139-149.

[187] NEWELL A, SIMON H A. Human problem solving[M]. Hoboken, NJ, US: Prentice-hall, Inc. 1972.

[188] 王甦，汪安圣. 认知心理学[M]. 北京：北京大学出版社，1992.

[189] Science Direct. Cerebrum-an overview[EB/OL]. [2024-03-05]. https://www.sciencedirect.com/topics/neuroscience/cerebrum.

[190] KREUTZER J S, DELUCA J, CAPLAN B. Encyclopedia of clinical neuropsychology[M]. New York, NY, USA: Springer International Publishing, 2011.

[191] 李晓捷. 人体发育学[M]. 北京：人民卫生出版社，2008.

[192] 加扎尼加，伊夫里，曼贡. 认知神经科学[M]. 周晓林，高定国，译. 北京：中国轻工业出版社，2020.

[193] SZCZEPANSKI S M, KNIGHT R T. Insights into human behavior from lesions to the prefrontal cortex[J]. Neuron, 2014, 83(5): 1002-1018.

[194] PETRIDES M. Impairments on nonspatial self-ordered and externally ordered working memory tasks after lesions of the mid-dorsal part of the lateral frontal cortex in the monkey[J]. The Journal of Neuroscience, 1995, 15(1): 359-375.

[195] ARON A R, ROBBINS T W, POLDRACK R A. Inhibition and the right inferior frontal cortex[J]. Trends in Cognitive Sciences, 2004, 8(4): 170-177.

[196] VOYTEK B, DAVIS M, YAGO E, et al. Dynamic neuroplasticity after human prefrontal cortex damage[J]. Neuron, 2010, 68(3): 401-408.

[197] CHAO L L, KNIGHT R T. Contribution of human prefrontal cortex to delay performance[J]. Journal of Cognitive Neuroscience, 1998, 10(2): 167-177.

[198] DAFFNER K R, MESULAM M M, SCINTO L F M, et al. The central role of the prefrontal cortex in directing attention to novel events[J]. Brain, 2000, 123(5): 927-939.

[199] DUNCAN J. Disorganisation of behaviour after frontal lobe damage[J]. Cognitive Neuropsychology, 1986, 3(3): 271-290.

[200] PINTI P, TACHTSIDIS I, HAMILTON A, et al. The present and future use of functional near-infrared spectroscopy (fNIRS) for cognitive neuroscience[J]. Annals of the New York Academy of Sciences, 2020, 1464(1): 5-29.

[201] COPE M, DELPY D T. System for long-term measurement of cerebral blood and tissue oxygenation on newborn infants by near infra-red transillumination[J]. Medical and Biological Engineering and Computing, 1988, 26(3): 289-294.

[202] 朱朝喆. 近红外光谱脑功能成像[M]. 北京: 科学出版社, 2020.

[203] FERRARI M, QUARESIMA V. A brief review on the history of human functional near-infrared spectroscopy (fNIRS) development and fields of application[J]. NeuroImage, 2012, 63(2): 921-935.

[204] SCHOLKMANN F, KLEISER S, METZ A J, et al. A review on continuous wave functional near-infrared spectroscopy and imaging instrumentation and methodology[J]. NeuroImage, 2014, 85: 6-27.

[205] WU S T, RUBIANES-SILVA J A I, NOVI S L, et al. Accurate Image-guided (Re)Placement of NIRS Probes[J]. Computer Methods and Programs in Biomedicine, 2020, 200: 105844.

[206] AYDIN E A. Subject-Specific feature selection for near infrared spectroscopy based brain-computer interfaces[J]. Computer Methods and Programs in Biomedicine, 2020, 195: 105535.

[207]RAICHLE M E. Two views of brain function[J]. Trends in Cognitive Sciences, 2010, 14(4): 180-190.

[208]SRINIVASAN R, WINTER W R, DING J, et al. EEG and MEG coherence: Measures of functional connectivity at distinct spatial scales of neocortical dynamics[J]. Journal of Neuroscience Methods, 2007, 166(1): 41-52.

[209]IRANI F, PLATEK S M, BUNCE S, et al. Functional near infrared spectroscopy (fNIRS): An emerging neuroimaging technology with important applications for the study of brain disorders[J]. The Clinical Neuropsychologist, 2007, 21(1): 9-37.

[210]BUNCE S C, IZZETOGLU M, IZZETOGLU K, et al. Functional near-infrared spectroscopy[J]. IEEE Engineering in Medicine and Biology Magazine, 2006, 25(4): 54-62.

[211]HOSHI Y. Functional near-infrared spectroscopy: current status and future prospects[J]. Journal of Biomedical Optics, 2007, 12(6): 1-9.

[212]JI X, QUAN W, YANG L, et al. Classification of schizophrenia by seed-based functional connectivity using prefronto-temporal functional near infrared spectroscopy[J]. Journal of Neuroscience Methods, 2020, 344: 108874.

[213]AARABI A, HUPPERT T J. Assessment of the effect of data length on the reliability of resting-state fNIRS connectivity measures and graph metrics[J]. Biomedical Signal Processing and Control, 2019, 54: 101612.

[214]HUMPHRIES M D, GURNEY K. Network "small-world-ness": A quantitative method for determining canonical network equivalence[J]. Plos One, 2008, 3(4): e0002051.

[215] WANG M, YUAN Z, NIU H. Reliability evaluation on weighted graph metrics of fNIRS brain networks[J]. Quantitative imaging in medicine and surgery, 2019, 9(5): 832-841.

[216] QI P, RU H, GAO L, et al. Neural mechanisms of mental fatigue revisited: New insights from the brain connectome[J]. Engineering, 2019, 5(2): 276-286.

[217] XU S Y, LU F M, WANG M Y, et al. Altered functional connectivity in the motor and prefrontal cortex for children with Down's syndrome: an fNIRS[J]. Frontiers in Human Neuroscience, 2020, 14: 6.

[218] ZHANG J, LIN X, FU G, et al. Mapping the small-world properties of brain networks in deception with functional near-infrared spectroscopy [J]. Scientific Reports, 2016, 6(1): 25297.

[219] WANG M Y, LU F M, HU Z, et al. Optical mapping of prefrontal brain connectivity and activation during emotion anticipation[J]. Behavioural Brain Research, 2018, 350: 122-128.

[220] WATTS D J, STROGATZ S H. Collective dynamics of "small-world" networks[J]. Nature, 1998, 393(6684): 440-442.

[221] MASLOV S, SNEPPEN K. Specificity and stability in topology of protein networks[J]. Science, 2002, 296(5569): 910-913.

[222] SPORNS O, ZWI J D. The small world of the cerebral cortex[J]. Neuroinformatics, 2004, 2(2): 145-162.

[223] LATORA V, MARCHIORI M. Efficient behavior of small-world networks[J]. Physical Review Letters, 2001, 87(19): 198701.

[224] PERPETUINI D, CARDONE D, FILIPPINI C, et al. Can functional infrared thermal imaging estimate mental workload in drivers as evaluated by sample entropy of the fNIRS signal? [C]//JARM T, CVETKO-

SKA A, MAHNIČ S, et al. 8th European Medical and Biological Engineering Conference. Portoroz, Slovenia: Springer International Publishing, 2021: 223-232.

[225] LIU A, LI B, WANG X, et al. NeuroDesignScience: An fNIRS-based system designed to help pilots sustain attention during transmeridian flights[C]// RUSSO D, AHRAM T, KARWOWSKI W. et al. Intelligent Human Systems Integration 2021. Palermo. Italy: Springer International Publishing, 2021: 165-170.

[226] HARRIS D, LI WC. Using neural networks to predict HFACS unsafe acts from the pre-conditions of unsafe acts[J]. Ergonomics, 2019, 62(2): 181-191.

[227] FUSTER J M. Holstege G Role of the forebrain in sensation and behavior. [M]. Groningen: Elsevier, 1991.

[228] MILLER E K, COHEN J D. An integrative theory of prefrontal cortex function[J]. Annual Review of Neuroscience, 2001, 24(1): 167-202.

[229] WANG Y, DAI C, SHAO Y, et al. Changes in ventromedial prefrontal cortex functional connectivity are correlated with increased risk-taking after total sleep deprivation[J]. Behavioural Brain Research, 2022, 418: 113674.

[230] NOSRATI R, VESELY K, SCHWEIZER T A, et al. Event-related changes of the prefrontal cortex oxygen delivery and metabolism during driving measured by hyperspectral fNIRS[J]. Biomedical Optics Express, 2016, 7(4): 1323-1335.

[231] MIRELMAN A, MAIDAN I, BERNAD-ELAZARI H, et al. Increased frontal brain activation during walking while dual tasking: An fNIRS study in healthy young adults[J]. Journal of NeuroEngineering and Re-

habilitation, 2014, 11(1): 85.

[232] ADRIAN C, HASAN A. The age of neuroergonomics: Towards ubiquitous and continuous measurement of brain function with fNIRS[J]. Japanese Psychological Research, 2018, 60(4): 374-386.

[233] SUN W, WU X, ZHANG T, et al. Narrowband resting-state fNIRS functional connectivity in autism spectrum disorder[J]. Frontiers in Human Neuroscience, 2021, 15: 294.

[234] BASSETT D S, BULLMORE E T. Human brain networks in health and disease[J]. Current Opinion in Neurology, 2009, 22(4): 340-347.

[235] CAO Q G, LI K, LIU Y J, et al. Risk management and workers' safety behavior control in coal mine[J]. Safety Science, 2012, 50(4): 909-913.

[236] 中华人民共和国国务院. 国务院关于预防煤矿生产安全事故的特别规定[EB/OL]. (2005-09-03)[2024-03-05]. http://www.gov.cn/gongbao/content/2005/content_91201.htm.

[237] VILLRINGER A, CHANCE B. Non-invasive optical spectroscopy and imaging of human brain function[J]. Trends in Neurosciences, 1997, 20(10): 435-442.

[238] YE J C, TAK S, JANG K E, et al. NIRS-SPM: Statistical parametric mapping for near-infrared spectroscopy[J]. NeuroImage, 2009, 44(2): 428-447.

[239] DUNCAN A, MEEK J H, CLEMENCE M, et al. Optical pathlength measurements on adult head, calf and forearm and the head of the newborn infant using phase resolved optical spectroscopy[J]. Physics in Medicine and Biology, 1995, 40(2): 295-304.

[240] MOLAVI B, DUMONT G A. Wavelet-based motion artifact removal for functional near-infrared spectroscopy[J]. Physiological Measurement, 2012, 33(2): 259-270.

[241] SASAI S, HOMAE F, WATANABE H, et al. A NIRS-fMRI study of

resting state network[J]. NeuroImage, 2012, 63(1): 179 – 193.

[242] FU G, MONDLOCH C J, DING X P, et al. The neural correlates of the face attractiveness aftereffect: A functional near-infrared spectroscopy (fNIRS) study[J]. NeuroImage, 2014, 85: 363 – 371.

[243] LIN X, XU S, IEONG H F-H, et al. Optical mapping of prefrontal activity in pathological gamblers[J]. Applied Optics, 2017, 56(21): 5948 – 5953.

[244] CHAN Y L, UNG W C, LIM L G, et al. Automated thresholding method for fNIRS-based functional connectivity analysis: Validation with a case study on Alzheimer's disease[J]. IEEE Transactions on Neural Systems and Rehabilitation Engineering, 2020, 28(8): 1691 – 1701.

[245] BALDASSARRE A, LEWIS C M, COMMITTERI G, et al. Individual variability in functional connectivity predicts performance of a perceptual task[J]. Proceedings of the National Academy of Sciences, 2012, 109(9): 3516 – 3521.

[246] NIU H, WANG J, ZHAO T, et al. Revealing topological organization of human brain functional networks with resting-state functional near infrared spectroscopy[J]. Plos One, 2012, 7(9): e45771.

[247] NIU H, LI Z, LIAO X, et al. Test-retest reliability of graph metrics in functional brain networks: A resting-state fNIRS study[J]. Plos One, 2013, 8(9): e72425.

[248] EINALOU Z, MAGHOOLI K, SETAREHDAN S K, et al. Graph theoretical approach to functional connectivity in prefrontal cortex via fNIRS[J]. Neurophotonics, 2017, 4(4): 1 – 8.

[249] CAO W, ZHU H, LI Y, et al. The development of brain network in males with autism spectrum disorders from childhood to adolescence: Evidence from fNIRS study[J]. Brain Sciences, 2021, 11(1): 120.

[250] WANG M Y, ZHANG J, LU F M, et al. Neuroticism and conscientiousness respectively positively and negatively correlated with the network characteristic path length in dorsal lateral prefrontal cortex: A resting-state fNIRS study[J]. Brain and Behavior, 2018, 8(9): e01074.

[251] IEONG H F, YUAN Z. Emotion recognition and its relation to prefrontal function and network in heroin plus nicotine dependence: A pilot study[J]. Neurophotonics, 2018, 5(2): 1-15.

[252] LUO J T, LI H, YEUNG P, et al. The association between media multitasking and executive function in Chinese adolescents: Evidence from self-reported, behavioral and fNIRS data[J]. Cyberpsychology: Journal of Psychosocial Research on Cyberspace, 2021, 15(2): 8.

[253] ZHAO J, LIU J, JIANG X, et al. Linking resting-state networks in the prefrontal cortex to executive function: A functional near infrared spectroscopy study[J]. Frontiers in Neuroscience, 2016, 10: 452.

[254] CHEN T, ZHAO C, PAN X, et al. Decoding different working memory states during an operation span task from prefrontal fNIRS signals[J]. Biomedical Optics Express, 2021, 12(6): 3495-3511.

[255] CURTIS C E, D'ESPOSITO M. Persistent activity in the prefrontal cortex during working memory[J]. Trends in Cognitive Sciences, 2003, 7(9): 415-423.

[256] KAISER R H, WHITFIELD-GABRIELI S, DILLON D G, et al. Dynamic resting-state functional connectivity in major depression[J]. Neuropsychopharmacology, 2016, 41(7): 1822-1830.

[257] KORPONAY C, PUJARA M, DEMING P, et al. Impulsive-antisocial psychopathic traits linked to increased volume and functional connectivity within prefrontal cortex[J]. Social Cognitive and Affective Neuro-

science, 2017, 12(7): 1169-1178.

[258] STROTZER M. One century of brain mapping using Brodmann areas [J]. Clinical Neuroradiology, 2009, 19(3): 179-186.

[259] HEIM S, EICKHOFF S B, ISCHEBECK A K, et al. Effective connectivity of the left BA 44, BA 45, and inferior temporal gyrus during lexical and phonological decisions identified with DCM[J]. Human Brain Mapping, 2009, 30(2): 392-402.

[260] SHALLICE T, BROADBENT D E, WEISKRANTZ L. Specific impairments of planning[J]. Philosophical Transactions of the Royal Society of London Series. B, Biological Sciences, 1982, 298(1089): 199-209.

[261] DIMITRAKOPOULOS G N, KAKKOS I, DAI Z, et al. Functional connectivity analysis of mental fatigue reveals different network topological alterations between driving and vigilance tasks[J]. IEEE Transactions on Neural Systems and Rehabilitation Engineering, 2018, 26(4): 740-749.

[262] ALAVASH M, DOEBLER P, HOLLING H, et al. Is functional integration of resting state brain networks an unspecific biomarker for working memory performance? [J]. NeuroImage, 2015, 108: 182-193.

[263] 中国煤炭工业协会. 2020 煤炭行业发展年度报告[EB/OL]. (2021-03-03)[2024-03-05]. http://www.coalchina.org.cn/uploadfile/2021/0303/20210303022435291.pdf.

[264] TORQUATI L, MIELKE G I, BROWN W J, et al. Shift work and poor mental health: A meta-analysis of longitudinal studies[J]. American Journal of Public Health, 2019, 109(11): e13-e20.

[265] CARUSO C C. Negative impacts of shiftwork and long work hours[J]. Rehabilitation Nursing, 2014, 39(1): 16-25.

[266] THOMAS M, SING H, BELENKY G, et al. Neural basis of alertness and cognitive performance impairments during sleepiness, I : Effects of 24 h of sleep deprivation on waking human regional brain activity[J]. Journal of Sleep Research, 2000, 9(4): 335 – 352.

[267] COSTA C, MONDELLO S, MICALI E, et al. Night shift work in resident physicians: does it affect mood states and cognitive levels? [J]. Journal of Affective Disorders, 2020, 272: 289 – 294.

[268] TVARYANAS A P, MACPHERSON G D. Fatigue in pilots of remotely piloted aircraft before and after shift work adjustment.[J]. Aviation, Space, and Environmental Medicine, 2009, 80(5): 454 – 461.

[269] PEREIRA H, FEHÉR G, TIBOLD A, et al. The impact of shift work on occupational health indicators among professionally active adults: A comparative study[J]. International Journal of Environmental Research and Public Health, 2021, 18(21): 11290.

[270] ALLAHYARI T, RANGI N H, KHALKHALI H, et al. Occupational cognitive failures and safety performance in the workplace[J]. International Journal of Occupational Safety and Ergonomics, 2014, 20(1): 175 – 180.

[271] ROUCH I, WILD P, ANSIAU D, et al. Shiftwork experience, age and cognitive performance[J]. Ergonomics, 2005, 48(10): 1282 – 1293.

[272] KAZEMI R, HAIDARIMOGHADAM R, MOTAMEDZADEH M, et al. Effects of shift work on cognitive performance, sleep quality, and sleepiness among petrochemical control room operators[J]. Journal of Circadian Rhythms, 2016, 14: 1.

[273] LEGAULT G, CLEMENT A, KENNY G P, et al. Cognitive consequences of sleep deprivation, shiftwork, and heat exposure for underground miners[J]. Applied Ergonomics, 2017, 58: 144 – 150.

[274] ESMAILY A, JAMBARSANG S, MOHAMMADIAN F, et al. Effect of shift work on working memory, attention and response time in nurses[J]. International Journal of Occupational Safety and Ergonomics, 2020, 28(2): 1085-1090.

[275] KANG J, NOH W, LEE Y. Sleep quality among shift-work nurses: A systematic review and meta-analysis[J]. Applied Nursing Research, 2020, 52: 151227.

[276] MALTESE F, ADDA M, BABLON A, et al. Night shift decreases cognitive performance of ICU physicians[J]. Intensive Care Medicine, 2016, 42(3): 393-400.

[277] KALIYAPERUMAL D, ELANGO Y, ALAGESAN M, et al. Effects of sleep deprivation on the cognitive performance of nurses working in shift[J]. Journal of Clinical and Riagnostic Research, 2017, 11(8): CC01-CC03.

[278] KILLGORE W D S, GRUGLE N L, BALKIN T J. Gambling when sleep deprived: Don't bet on stimulants[J]. Chronobiology International, 2012, 29(1): 43-54.

[279] LEGAULT G. Sleep and heat related changes in the cognitive performance of underground miners: A possible health and safety concern[J]. Minerals, 2011, 1(1), 49-72.

[280] FERGUSON S A, PAECH G M, DORRIAN J, et al. Performance on a simple response time task: Is sleep or work more important for miners?[J]. Applied Ergonomics, 2011, 42(2): 210-213.

[281] LOUDOUN R J, MUURLINK O, PEETZ D, et al. Does age affect the relationship between control at work and sleep disturbance for shift workers?[J]. Chronobiology International, 2014, 31(10): 1190-1200.

[282] YU H, CHEN H, LONG R. Mental fatigue, cognitive bias and safety paradox in Chinese coal mines[J]. Resources Policy, 2017, 52: 165-172.

[283] PIZARRO-MONTANER C, CANCINO-LOPEZ J, REYES-PONCE A, et al. Interplay between rotational work shift and high altitude-related chronic intermittent hypobaric hypoxia on cardiovascular health and sleep quality in Chilean miners[J]. Ergonomics, 2020, 63(10): 1281-1292.

[284] ZHAO X C, HAN K Y, GAO Y Y, et al. Effects of shift work on sleep and cognitive function among male miners[J]. Psychiatry Research, 2021, 297: 113716.

[285] LAVIGNE A A, HÉBERT M, AUCLAIR J, et al. Good sleep quality and progressive increments in vigilance during extended night shifts: A 14-day actigraphic study in underground miners[J]. Journal of Occupational and Environmental Medicine, 2020, 62(12): e754-e759.

[286] HULME A, STANTON N A, WALKER G H, et al. Accident analysis in practice: A review of Human Factors Analysis and Classification System (HFACS) applications in the peer reviewed academic literature[J]. Proceedings of the Human Factors and Ergonomics Society Annual Meeting, 2019, 63(1): 1849-1853.

[287] HAIDARIMOGHADAM R, KAZEMI R, MOTAMEDZADEH M, et al. The effects of consecutive night shifts and shift length on cognitive performance and sleepiness: A field study[J]. International Journal of Occupational Safety and Ergonomics, 2017, 23(2): 251-258.

[288] ZARJAM P, EPPS J, LOVELL N H. Beyond subjective self-rating: EEG signal classification of cognitive workload[J]. IEEE Transactions on Autonomous Mental Development, 2015, 7(4): 301-310.

[289] CHEN F, RUIZ N, CHOI E, et al. Multimodal behavior and interaction as indicators of cognitive load[J]. ACM Transaction on interactive Intelligent Systems, 2013, 2(4): 1-36.

[290] TIAN F, LI H, TIAN S, et al. Is there a difference in brain functional connectivity between Chinese coal mine workers who have engaged in unsafe behavior and those who have not? [J]. International Journal of Environmental Research and Public Health, 2022, 19(1): 509.

[291] BOSE R, ABBASI N I, THAKOR N, et al. Cognitive state assessment and monitoring: A brain connectivity perspective [M]. AKAY M. Handbook of Neuroengineering. Singapore: Springer Singapore, 2020: 1-27.

[292] URQUHART E L, WANG X, LIU H, et al. Differences in net information flow and dynamic connectivity metrics between physically active and inactive subjects measured by functional near-infrared spectroscopy (fNIRS) during a fatiguing handgrip task[J]. Frontiers in Neuroscience, 2020, 14: 167.

[293] WANG J, WANG X, XIA M, et al. GRETNA: a graph theoretical network analysis toolbox for imaging connectomics[J]. Frontiers in Human Neuroscience, 2015, 9: 386.

[294] XIA M R, WANG J H, HE Y. BrainNet viewer: a network visualization tool for human brain connectomics [J]. Plos One, 2013, 8(7): e68910.

[295] EVANS D A, BECKETT L A, ALBERT M S, et al. Level of education and change in cognitive function in a community population of older persons[J]. Annals of Epidemiology, 1993, 3(1): 71-77.

[296] XU P, WEI R, CHENG B, et al. The association of marital status with cognitive function and the role of gender in Chinese community-dwelling older adults: A cross-sectional study[J]. Aging Clinical and Experimental Research, 2021, 33(8): 2273-2281.

[297] LIM J, DINGES D F. A meta-analysis of the impact of short-term sleep

deprivation on cognitive variables[J]. Psychological bulletin, 2010, 136 (3): 375-389.

[298] BAE S H, FABRY D. Assessing the relationships between nurse work hours/overtime and nurse and patient outcomes: Systematic literature review[J]. Nursing Outlook, 2014, 62(2): 138-156.

[299] RHÉAUME A, MULLEN J. The impact of long work hours and shift work on cognitive errors in nurses[J]. Journal of Nursing Management, 2018, 26(1): 26-32.

[300] DOLAN M, PARK I. The neuropsychology of antisocial personality disorder[J]. Psychological Medicine, 2002, 32(3): 417-427.

[301] ÖZDEMIR, SELVI Y, ÖZKOL H, et al. The influence of shift work on cognitive functions and oxidative stress[J]. Psychiatry Research, 2013, 210(3): 1219-1225.

[302] DREHER J C, KOECHLIN E, TIERNEY M, et al. Damage to the Fronto-Polar Cortex is Associated with Impaired Multitasking[J]. Plos One, 2008, 3(9): e3227.

[303] ROLLS E T. The functions of the orbitofrontal cortex[J]. Brain and Cognition, 2004, 55(1): 11-29.

[304] CHEN J, WANG H, HUA C, et al. Graph analysis of functional brain network topology using minimum spanning tree in driver drowsiness[J]. Cognitive Neurodynamics, 2018, 12(6): 569-581.

[305] LI R, NGUYEN T, POTTER T, et al. Dynamic cortical connectivity alterations associated with Alzheimer's disease: An EEG and fNIRS integration study[J]. NeuroImage: Clinical, 2019, 21: 101622.

[306] HAAVISOT M L, Porkka-heiskanen T, Hublin C, et al. Sleep restriction for the duration of a work week impairs multitasking performance

[J]. Journal of Sleep Research, 2010, 19(3): 444-454.

[307] ZOHAR D, TZISCHINSKY O, EPSTEIN R, et al. The effects of sleep loss on medical residents' emotional reactions to work events: A cognitive-energy model[J]. Sleep, 2005, 28(1): 47-54.

[308] CHANG C C, LIN C J. LIBSVM: a library for support vector machines[J]. ACM transactions on intelligent systems and technology, 2011, 2(3): 1-27.

[309] 汪灿华. 基于静息态 fMRI 脑功能连接的 ASD 辅助诊断智能算法研究[D]. 南昌: 南昌大学, 2020.

[310] 杨艳丽. 基于静息态 fMRI 的功能连接分析方法研究[D]. 太原: 太原理工大学, 2012.

[311] SADEGHI M, Khosrowabadi R, Bakouie F, et al. Screening of autism based on task-free fMRI using graph theoretical approach[J]. Psychiatry Research: Neuroimaging, 2017, 263: 48-56.

[312] 周志华. 机器学习[M]. 北京: 清华大学出版社, 2016.

[313] 等等登登-Ande. MATLAB 实现 LIBSVM 中的 c 和 g 的参数寻优[EB/OL]. (2019-05-06)[2024-03-05]. https://blog.csdn.net/qq_35166974/article/details/89889262.